日本酒ガールの関西ほろ酔い蔵さんぽ

文と絵　松浦すみれ

日本酒ガール誕生

京都は西の端、嵐山から続くなだらかな山々のふもと、桂川の側に鎮座する松尾大社。古来〝お酒の神さん〟として知られ、全国から醸造関係者の方々の参拝が絶えない神社だ。

物心ついた頃からその境内を遊び場に育ち、その後、ご縁があって、私は巫女（みこ）として、この酒樽に囲まれた神社でご奉仕する日々を過ごした。

しかし、そんな職場にいたものの、当初は乾杯で振る舞われたさかずき一杯の日本酒で酔ってしまうほど…。まさか、その何年も後、「日本酒ガール」を名乗り、各地の蔵を巡るようになるなんて、思いもよらなかった。

神社では、毎日のお供えとして日本酒は欠かせない。さらに、松尾大社では年間を通して醸造にまつわるお祭りが数多く存在する。参拝する方々の信仰深い姿に日々触れていたことで、恵みと祈りに通ずる文化として、日本酒があることを知った。日本酒の世界に私が興味を持つようになったのは、この頃だ。

巫女を卒業して間もないころ、旅先で訪れた酒蔵の立派な柱に、松尾大社の御札を見つけた。それは、毎日のように、神社で目にしていたもの。とてもありがたいご縁を感じて、その後、私は色々と旅する先で、酒蔵を訪ねるようになった。

今でも、訪れた酒蔵で、ほのかな日本酒の香りが漂うとき、ふっと神社の記憶が蘇ることがある。毎日、かいでいた御神酒と社殿の香り。早朝の清らかなお社で、お供えするお酒を注いだ記憶。私にとって日本酒は、神社で過ごした日々と切り離せない。

幼い頃から、画業に携わる両親のもと、絵を描くことが好きだった私は、巫女さん時代に日本画を学び始めた。その後、イラストレーターに転身して、挿絵だけでなく、取材をして文章もつづるようになった。いつかは、日本酒の世界を、もっと多くの人に紹介したい…。そう思っていた矢先に、私の蔵巡りの旅を本にして紹介する運びとなった。

日本酒は、人それぞれにたくさんの記憶を秘めるもの。その味わい方も、楽しみ方も自由でいい。

これからご紹介する蔵は、電車を使って行けるところを中心に選んだ。その土地を肌で感じ、何よりお酒を心おきなく楽しむためにも、電車の旅は気ままな時間を運んでくれる。

寄り道しながら、のんびりと酒蔵を目指して歩く。日本がはぐくんだ風土や気候、山々やその土地を愛する人々、そのどれを欠いても生まれてこない、その土地の酒がある。

この酒はどこから生まれたか。少しでもそれを知りたくて、伝えたくて、私は今日も旅に出る。

日本酒ガールの関西ほろ酔い蔵さんぽ

本書の表示価格は、税抜価格です。
本書で掲載している情報は、
2014年の取材時の内容に基づくものです。

すみれが伝授！

蔵見学のファッション＆マナー

蔵見学や蔵開きは、日本酒の魅力を体感できる貴重な機会。ここでは、蔵人たちの酒造りを邪魔することなく蔵を訪ねるための服装と持ち物を紹介します。左ページで紹介するマナーについてもチェックしましょう。

過剰なアクセサリー、ファーやモヘアは避けて

ぶらさがり系のピアス、ファーやモヘアなどの毛…。タンクなどに落ちる危険性のあるものは身につけていかないのが無難です。

写真撮影は許可を得てから

蔵には企業秘密のものなどもあるので、蔵人の許可を得てから撮影を。SNSやブログに掲載したいときも、必ず許可をもらいましょう。

水のペットボトル

和らぎ水として飲んだ後は、空になったボトルに蔵の仕込水をいただけることも。ただし、蔵人には必ず許可をもらうこと。

エコバッグ類は便利

見学をさせてもらったお礼の意味も含め、蔵のお酒は買って帰るのがオススメ。お酒を持ち帰るための、破れにくい袋を持っておくと便利。生酒用に保冷バッグを持参しても。

香水・柔軟剤系はNG！

杜氏や蔵人は、酒母やもろみの匂いを嗅ぎながら酒造りを行います。強い香りの香水や整髪料、柔軟剤などは、大事な仕事の妨げに…。

長い髪はまとめる

お酒のタンクに髪の毛が落ちたら大変！　髪の長い人は束ねましょう。

冬は防寒対策を

冬の仕込みの時期に蔵見学をさせてもらう場合は、防寒対策をしっかりと（発酵中のお酒が腐らないよう、蔵内は寒いのです!）。使い捨てカイロをポケットに入れておく、レギンスや厚めのソックスを着用…など。

すべりにくく、脱ぎやすい靴で

蔵では水を使うことが多いので、すべりにくい靴で行きましょう。また、靴を脱いで入る場所があることも。清潔な靴下をはいて。サンダルやはだしはNG。

蔵見学のオキテ

酒造時期の見学は、特に配慮が必要です。ここでマナーを確認しておきましょう。

1 要予約

突然訪問するのは、蔵元の迷惑です。必ず事前に電話して、希望日時や人数を伝えて。お酒の購入だけの場合も、なるべく事前に電話連絡を。

2 衛生第一

酒造りは菌の影響を受けるので、清潔な服装で。見学の際は、手の消毒や衛生用キャップの着用など、蔵の指示に従いましょう。

3 納豆・ヨーグルトはNG

蔵の訪問前日・当日に、納豆やヨーグルトなどの発酵食品を食べてはダメ。酒造りに必要な菌を殺してしまうことも。

4 蔵では静かに

中では蔵人が仕事中。集中を必要とする作業が多く、一瞬のミスも許されません。蔵の中は音が反響するので、見学中の私語は控えめに。携帯電話もマナーモードに。

5 タンクをのぞき込まない

菌が発酵しているタンクには、炭酸ガスが充満。落ちると命の危険が！ 機械やタンクに触らない、蔵の中を勝手に歩かないことも配慮して。

6 試飲のお酒を持ち帰らない

試飲で酔って長居はNG。また、試飲用のお酒などをマイボトルに詰めると、その時点で酒税が発生し、お酒を盗んだことになります。

まずは蔵開きへ行ってみませんか？

日本酒ビギナーにおすすめしたいのが、蔵元側が主催する「蔵開き」「蔵開放」などのイベントです。

蔵開きの内容は、蔵によって異なりますが、多くの場合、蔵（の一部）が開放され、杜氏や蔵人から話を聞けたり、甘酒や新酒が振る舞われたりします。蔵見学は一定の人数が集まらないと受け付けてもらえない場合も少なくありませんが、こうしたイベントなら、1人で気軽に参加できることが多いのもメリットです。

蔵開きの有無、開催時期、予約の要不要、参加費の有無などは蔵によって違うので、直接問い合わせを。

日本酒ができるまで

日本酒は米から造る酒。糖分の多いブドウを原料とし、そのままでも発酵するワインとは違って、日本酒の場合は、まず米のデンプンを糖に変えなければなりません。そのために必要なのが麹菌（こうじ）です。

麹と酵母を一つのタンクの中で同時に働かせ、麹の酵素によるデンプンの糖化と、アルコール発酵を並行させる方法を「並行複発酵」と呼び、これが日本酒の特徴です。

ここでは、今も行われている昔ながらの酒造り、冬の間だけ行う「寒仕込」を紹介します。

1 洗米

精米した米を洗って糠（ぬか）を落とす。米を洗うのも仕込水で。

2 浸漬（しんせき）

洗った米を水につけ、吸水させる。酒の種類によっては秒単位の勝負なので、ストップウォッチとにらめっこ。その後は水切り。

3 蒸米

甑（こしき）や蒸米機に米を移し、蒸す。蒸しあがった米は、①麹造り用（麹米）、②酒母用（もと米）、③醪（もろみ）造り用（掛米）に分け、適温に冷ます。

4 麹造り

麹造りは酒の味の大部分を決める肝となる作業。麹造りにかかる約2日間、杜氏はほぼ寝ずの番をする。作業工程は次の通り。

- 麹室に麹米を運び入れる（引き込み）。麹室の室温は約30℃。菌が繁殖しやすいよう、高めになっている
- 広げた米に種麹（もやし）を散布する（種切り）
- 米をまとめて寝かせる。菌が繁殖して固まってきたら手でほぐす（切返し）
- 米を麹蓋（こうじぶた）に移し（盛り）、重ねて積んでおく。一定時間ごとに上下左右を積み替え、品質を均一にする
- 麹蓋から出して乾かす（枯らし）。できあがった麹は栗に似た香りがする

5 酒母（しゅぼ）造り

酒母とは、酒の元となる培養酵母のこと。小さめのタンクに麹、水、酵母、乳酸菌、蒸米を加えて2週間～1カ月程度培養する。この際、蔵の中にすむ自然の乳酸菌を利用するのが「生酛（きもと）」「山廃酛（もと）」である。

6 醪（もろみ）造り

酒母を仕込みタンクに移し、麹、掛米、水を加える。一度に加えず、4日間で3回に分けて行う（三段仕込み）。温度管理をしっかり行いながら、20～40日（水質や温度などの諸条件により変わる）かけて醪（もろみ）を発酵させる。

7 搾り

熟成した醪を絞って、酒と酒粕に分ける。機械による圧搾のほか、昔ながらの袋吊りや、槽（ふね）に酒袋を積んで圧力をかける槽搾りなどの方法もある。

8 貯蔵

搾った酒は、ろ過、火入れ（殺菌）などを行って貯蔵し、熟成させる。瓶詰の前に割り水（加水）をしてアルコール度数を調整し、出荷される。加水せずに出荷するのが原酒だ。

まめコラム①

日本酒の種類

日本酒には「特定名称酒」と「普通酒」があります。特定名称酒は、精米歩合(※1)や醸造アルコールの使用量などの厳しい基準を満たして造られた清酒のこと。下の表の通り、8種類に分けられます。一方、こうした基準にあてはまらないものが普通酒です。

※1　精米歩合：酒の雑味の原因となる米の表層部を削る割合。「精米歩合60%」なら、米の表層部を40%削っている(4割磨き)

こんな名称も

そのほかの酒の種類の名称は、次の通り。

●生酒…搾った後、殺菌のための加熱(火入れ)をしない酒。香りが華やか。

●生貯蔵酒…低温で貯蔵し、出荷前に一度だけ火入れした酒。フレッシュな風味が残る。

●原酒…搾った後に加水(割り水)しない酒。濃厚。

●にごり酒…醪を目の粗い布でこしただけの白濁酒。火入れしないものはシャンパンのような発泡性がある。

特定名称酒の種類と特徴

特定名称	使用原料	精米歩合
吟醸酒 低温でゆっくり発酵させて造る。フルーティーな吟醸香と淡麗で上品な味わいが特徴	米、米麹、水、醸造アルコール(※2)	60%以下
大吟醸酒	米、米麹、水、醸造アルコール(※2)	50% 以下
純米酒 米の旨味を生かしたコクが特徴	米、米麹、水	規定なし
純米吟醸酒	米、米麹	60%以下
純米大吟醸酒	米、米麹	50%以下
特別純米酒	米、米麹	60%以下または特別な製法
本醸造酒 香りがよく、すっきりした飲みやすさが特徴	米、米麹、水、醸造アルコール(※2)	70%以下
特別本醸造酒	米、米麹、水、醸造アルコール(※2)	60%以下または特別な製法

※2　米の重量の10%以下

蔵さんぽ 京都・伏見編

伏見・水物語

豊かな水に人が集まり、酒造りの街が生まれた

江戸期には〝伏水〟と書き表されたほど、良質の地下水に恵まれた伏見の地。日本有数の酒どころであるこの街は、水とともにどのような発展を遂げてきたのだろうか――。名水伝説が残る御香宮神社の宮司・三木善則さんに話を聞いた。

水の湧く神社が地域の中心に

伏見は古代から水の豊かな土地でした。弥生時代から農耕地として栄え、「日本書紀」にも「山城国俯見村」という名前で登場しています。

伏見の地下水は、桃山丘陵のある北東部から南西部に向かって流れており、御香宮神社はその流れの真ん中あたりに位置しています。花崗岩の地層を通った口あたりのやわらかな水が、昔から神社に湧いていました。

御香宮神社は、もとは「御諸神社」という名前でしたが、貞観4年（862年）に清和天皇より現在の名前を賜ったといわれています。由来は、神社の境内からよい香りの水が湧き出ていて、飲むと病が治ったことにあるそうです。「御香宮」という名の起源には諸説ありますが、いずれも水にちなんだものばかりです。

城下町の誕生が酒造りの始まり

伏見で酒造りがさかんになったのは、豊臣秀吉が伏見城を築城した時代でした。新しい街づくりのために各地から職人がやって来て、酒の需要が生まれたのです。

また、この頃には巨椋池の大改修で槇島堤、淀堤といった大堤防が築かれ、宇治川の流路も大幅に変えられました。

伏見城大手門が移築された表門

御香宮神社宮司
三木善則さん

その結果、水運が発達したことから伏見の街は栄え、江戸時代に伏見城が廃城した後も、伏見は城下町から宿場町へと姿を変え、発展していったのです。この頃すでに、伏見は国内有数の酒どころとなっていました。

しかし、その後、米価の変動を防ごうと、江戸幕府が酒の製造量を制限するようになったため、伏見の酒造りはいったん途絶えます。幕府は灘・伊丹・池田を直轄の酒造地として保護し、伏見の酒を京の都へ出荷することを禁止したのです。また、幕末に起こった「鳥羽・伏見の戦い」により伏見の酒蔵の多くは焼失してしまいました。

伏見での酒造りは明治時代に解禁されたものの、酒造りの技術はすたれていました。そこで、職人たちは灘へ赴き酒造りを学びます。その後、伏見は復活をとげるわけです。

また、伏見は明治期には軍都として栄えます。明治31年には歩兵38連隊、第19旅団司令部、京都連隊区司令部が深草に進出し、明治41年にはこれらを統括する第16師団司令部も伏見に置かれました。この司令部と京都駅とを結ぶ「師団街道」は、今でも残っていますね。伏見で造られているお酒に「月桂冠」「英勲」といった勇ましい名前が多いのは、こうした背景も関係しているんですよ。

水どころ・酒どころとして伏見をPR

伏見の酒文化を観光資源としてPRするようになったのは、実は比較的最近です。きっかけの一つは、昭和57年の「御香水の復活」でした。

御香水は、宅地開発などが進んだ明治期に水脈が絶たれ、一度は枯れていました。しかし、昭和50年代に入り、地下水に対する関心が深まったことを機に、復活に向けて動き始めたのです。昭和57年5月、地下150mまで掘り下げた結果、ついに本殿近くに水脈を得ることができました。

御香水は昭和59年に国の「名水百選」にも指定されました。これを機に、もっと伏見を知ってもらうため「伏見は水がいいから酒がうまい」といったPRを、地元の酒造会社とともに行ってきました。2007年からは、御香宮神社でのきき酒などを行う「日本酒まつり」（※）を毎年開催しています。最近では、きき酒の前売り券が開催日までに完売するほど。伏見の酒文化を象徴する催しとして浸透しつつあるようです。

※例年3月に開催。御香宮神社でのきき酒（有料）や伏見の各蔵でのイベントが同時に行われる

御香宮神社
京都市伏見区
御香宮門前町
☎075-611-0559

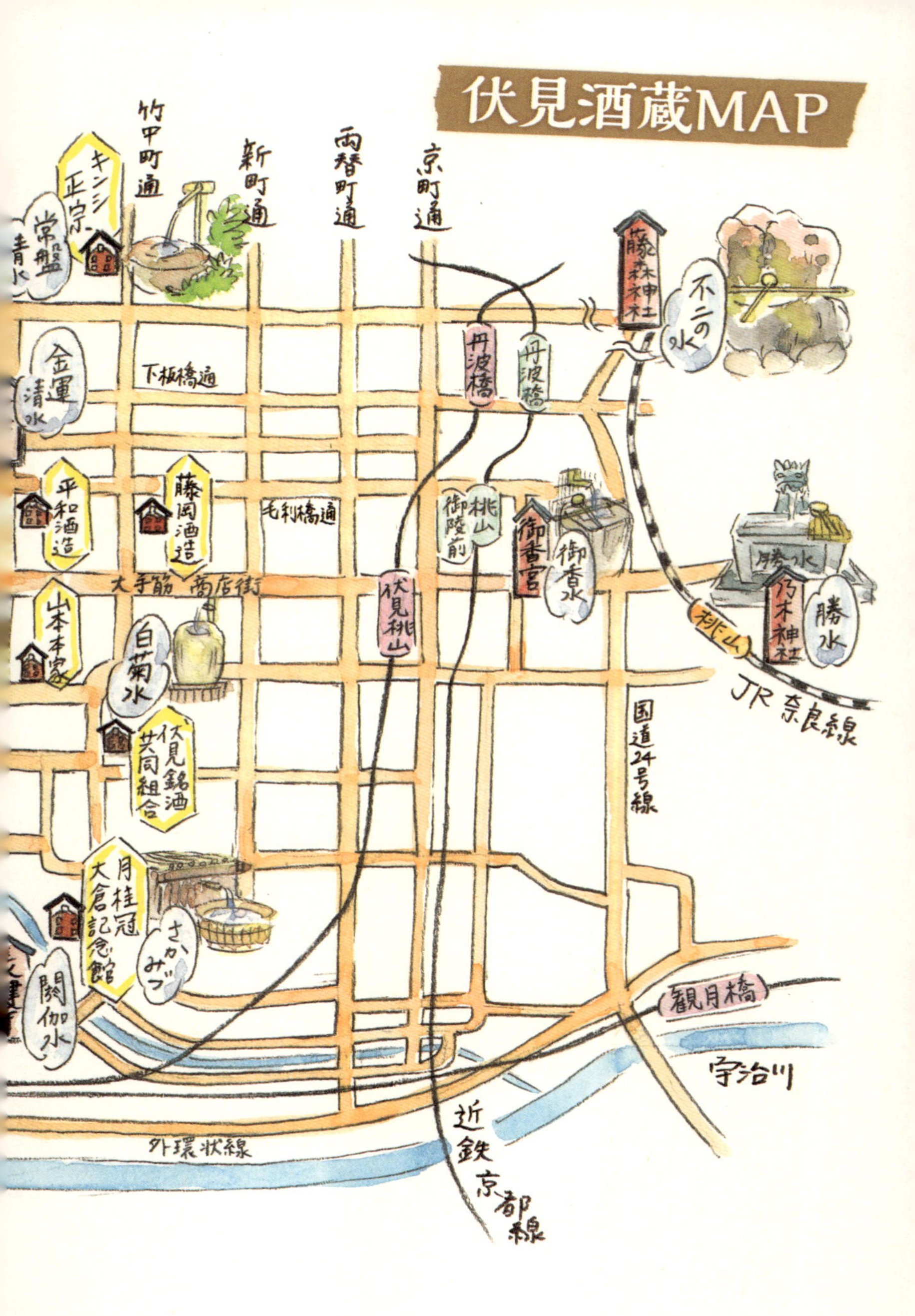
伏見酒蔵MAP
竹中町通
新町通
両替町通
京町通
キンシ正宗
常盤
青水
金運清水
下板橋通
丹波橋
丹波橋
藤森神社
不二の水
平和酒造
藤岡酒造
毛利橋通
桃山御陵前
桃山
御香宮
御香水
大手筋 商店街
伏見桃山
山本本家
白菊水
伏見銘酒共同組合
勝水
乃木神社
勝水
桃山
JR奈良線
国道24号線
月桂冠大倉記念館
さかみづ
閼伽水
観月橋
宇治川
近鉄京都線
外環状線

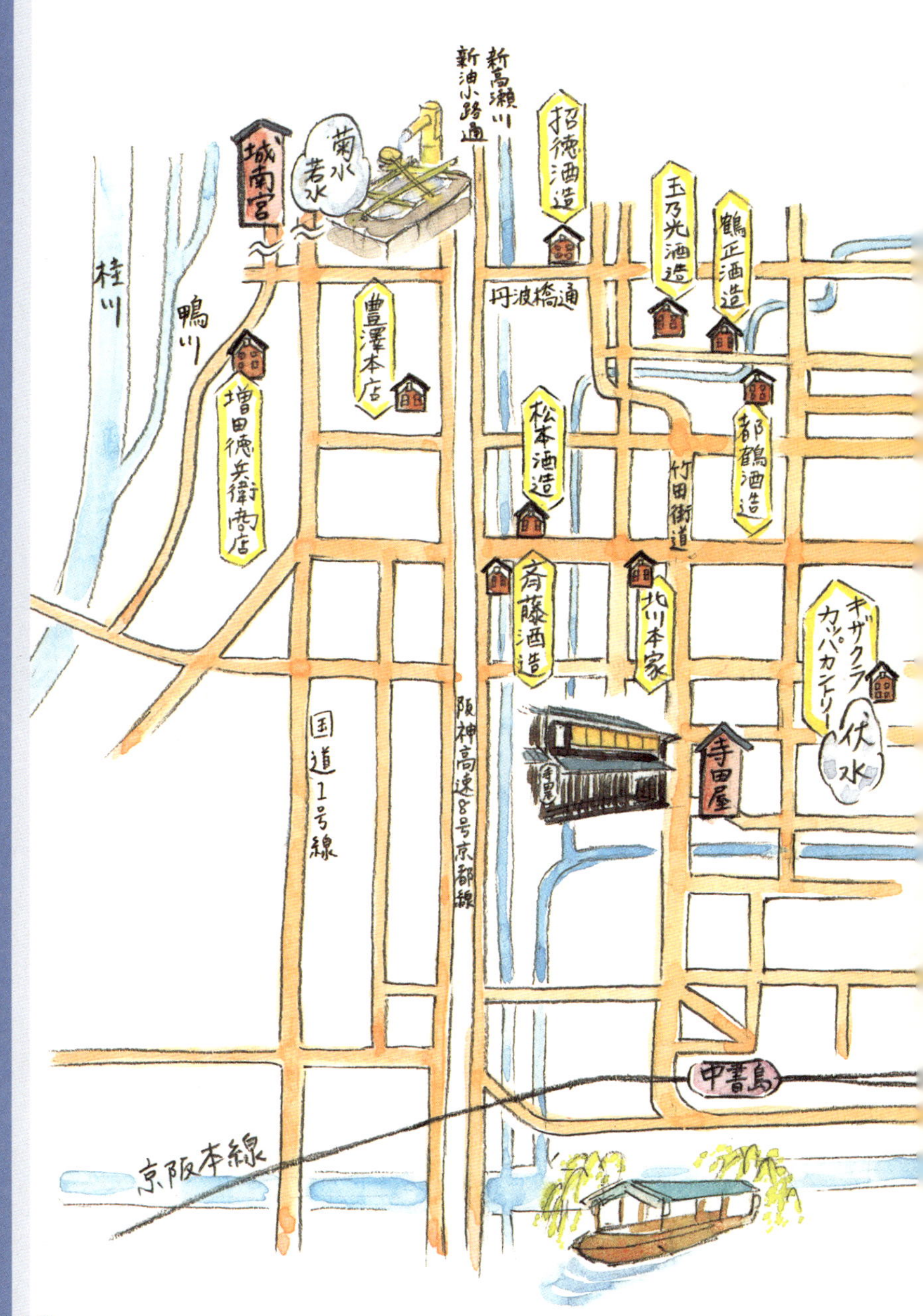
新高瀬川
新油小路通
招徳酒造
玉乃光酒造
鶴正酒造
城南宮
菊水若水
桂川
鴨川
丹波橋通
豊澤本店
増田徳兵衛商店
松本酒造
都鶴酒造
竹田街道
斉藤酒造
北川本家
キザクラカッパカントリー
伏水
寺田屋
国道1号線
阪神高速8号京都線
中書島
京阪本線

青空に復活を宣言した酒蔵
吸い込まれそうに透明な味

藤岡酒造

京都市伏見区今町672-1
☎075-611-4666
店頭販売・試飲あり、蔵見学は5～9月のみ（要予約、1人500円）
「蒼空　純米吟醸　山田穂」（500ml）2400円

その日本酒のラベルから伝わるメッセージ――。「蒼空（そうくう）」という名と澄んだ味わいに、何か空へと突き抜ける想いのようなものを感じた。

優しい曲線を描いたフォルムの瓶は透き通っていて、お酒そのものに目で触れるよう。この1本に受けた衝撃から、造り手に会いたくなった。

懐かしい下町情緒が漂う京阪「伏見桃山」駅・近鉄「桃山御陵前」駅から徒歩圏内にある藤岡酒造。5代目蔵主・藤岡正章さんにお話を伺った。

蔵は、藤岡さんのお父さまの急逝、阪神大震災という災難が相次ぎ、平成7年、一度は休蔵に追い込まれた。

その頃、藤岡さんは東京農業大学醸造科を卒業し、酒問屋に勤めていた。折しも、それまでの主流だった〝出稼ぎ杜氏〟に代わり、蔵元自らがお酒を造る〝蔵元杜氏〟というスタイルが生まれていた頃で、大学時代の同志らも後に続いていた。その活躍に刺激を受けた藤岡さんもまた、問屋を辞め、全国各地の酒蔵で修業しながら、再起のチャンスを模索していた。

そして休蔵から7年、ついに家業を再開。蔵の土地は、そのほとんどを貸してしまっていたが、唯一残っていた赤レンガの建物を改装し、純米酒のみの少量生産で、丁寧な造りを徹底した。

藤岡さんは、2014年から大原で無農薬栽培の米作りを始めている。3、4年ほどかけて、タンクに仕込める量のお米にしていくということだ。

さらなる旨い酒を求めて始まった、新たな挑戦。藤岡さんが見上げる先には、いつも澄んだ空が広がっている。

立ち寄りスポット

御香宮神社

P12～13のコラム参照
京都市伏見区御香宮門前町
☎075-611-0559

吟醸酒房　油長（あぶらちょう）

店内の約80種の伏見の日本酒の中から、3種を選んできき酒ができる（付き出し込みで650円～）
京都市伏見区東大手町780
☎075-601-0147
10:00～21:00
火曜休

明治35年創業。
赤レンガ造りのレトロな蔵の風情
吹きぬけのエントランスを見上げる
"よい酒は必ずや天に通じ人に通じる"
…藤岡家に伝わる家訓！
藤岡酒造
蒼空
酒蔵Barえん
ガラス越しに仕込みのタンクが見えるカウンターで、旬のお酒を気軽に楽しめる♪
旬のお酒を味わえる
平日限定 飲み比べセット 800円 おすすめ♪
5代目蔵主 藤岡正章さん
粋なお酒の肴も数種類あります
クリームチーズの酒盗のせ
すみれイチオシ！
"蒼空 純米吟醸酒 山田穂"
すべらかで優しい口あたり フルーティーな味わい
こだわりの瓶はベネチア製☆
飲みきりサイズ500ml☆ 冷蔵庫のポケットにすっぽりおさまります
特別な日にワイングラスで乾杯☆
あっさりしたお刺身が欲しくなる…

伏見・鳥羽街道で300余年 老舗蔵に受け継がれた美意識

増田徳兵衛商店

京都市伏見区下鳥羽長田町135
0120-333-632
店頭販売・試飲あり、蔵見学は要予約
「米から育てた純米酒・祝80%」（720ml）1400円

月の桂。その名前は、静かな夜、神様の力を借りて酵母が〝発酵〟する神秘を感じさせるような…。

巫女さん時代に出会った、増田徳兵衛商店の〝にごり酒〟。品よく口の中で弾けるフルーティーな味わいの虜（とりこ）になった。モダンなラベルは〝お米のシャンパン〟と呼ぶにふさわしく、ともに脳裏に焼き付いた。

14代目の増田徳兵衛さんも一度会ったら忘れられない方。京都の数々のイベントでお見かけしていたが、直接お話できたのは、今回が初めて。

「せっかく似顔絵を描いてもらうのだから」と、増田さんはトレードマークの蝶ネクタイを私に選ばせてくださった。母屋の一角にも蝶ネクタイ姿の紳士の古い写真が。13代目であるお父さまだそうで、モダン好みの血筋がうかがえた。

延宝3年（1675年）創業。酒一筋の歴史の中で、作家の永井荷風や谷崎潤一郎、映画人なら黒澤明に小津安二郎など、名だたる文人墨客に愛されてきた。母屋には、谷崎潤一郎が永井荷風に宛てた、「月の桂」について書かれた手紙が飾られている。

先代、先々代から〝ほんもの〟を教えられたという増田さん。季節を感じ、個性を磨くことを心に留めてきたという。

「地酒を造ることは、その土地の文化をつくること。酒造りと文化は切り離せないものです」と増田さん。その姿勢が〝ほんもの〟を生み出す文化人らを魅了し続けてきた。

立ち寄りスポット

城南宮

方除け・厄除け、車のお祓いのご利益
京都市伏見区中島鳥羽離宮町7
☎075-623-0846

鳥羽離宮跡公園

京都市伏見区御所ノ内町

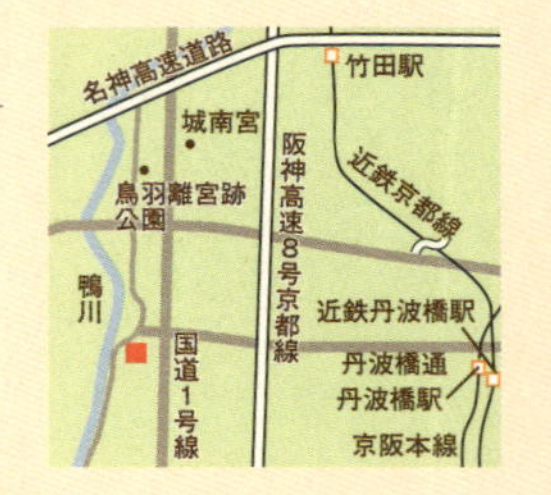

鳥羽街道に
面した蔵
かつて
大阪や四国へ向かう
公家たちの
中宿であった旧家を
有する
月の桂
"鳥羽伏見の戦い"で
蔵の敷地に
撃ち込まれた砲弾が
残る
会津藩のもの
蔵に眠る
甕の中には
琥珀色を深める
大吟醸の古酒——
磁器の甕に、
漆塗りの栓をして
和紙をまいて重ねている
1966年から毎年保存され
その数およそ1200本！
甕の栓には
木地師の技が
光る
14代目
増田德兵衛さん
—すみれイチオシ！—
"米から育てた
純米酒・祝80%"
復活した
京都産酒米"祝"
旨味
たっぷり
冴えた
口あたり
月の桂
祝

伏見のシンボル、川沿いの蔵
桃山が生んだうるわしの一滴

松本酒造

京都市伏見区横大路三栖大黒町7
☎075-611-1238
店頭販売・試飲あり、蔵見学は不可、万暁院は通常非公開
「桃の滴　純米吟醸」（720ml）1340円

「伏見桃山」という地名は、伏見城廃城後、跡地に桃の木が植えられたことに由来する。

その桃山丘陵から流れてくる水を生かした松本酒造の「桃の滴」。ふくよかで上品な味わいには、ほんのりと頬を染めた京美人の姿が浮かんでくる。

松本酒造は、洛中建仁寺の門前に創業し、のち三十三間堂の西より、大正時代に伏見へと移った蔵元。東高瀬川沿いに見える、赤レンガの煙突と木造の蔵は、酒の街・伏見のシンボルとして有名だ。

蔵の敷地には、数寄屋造りの迎賓館「万暁院（まんぎょういん）」と枯山水庭園「畫舫園（がぼうえん）」がある。都の美を集結した、とっておきの空間で、現社長・松本保博さんにお話を伺った。

万暁院は、松本さんのお祖父（じい）さまが、大正末期から構想を練り、資材を集め、およそ30年（1万日）をかけて完成させた建物。代々の子孫が感性を磨き、もてなしの心をはぐくむための大切な教育の場でもあるという。

松本さんのお父さまは「人のまねはするな。独自性を尊重しなさい」と常々口にされていたそうだ。ここにしかない世界を楽しむことが、よい酒造りに生きてくるといった教えが感じられる。

「原料に勝る技術なし」という信念を守り、恵まれた水と良質の米で表現する純米酒。

「ほんものを味わっていただき、静かな衝撃を与えられたら…」という松本さんの言葉には、あの万暁院と同様、よいものとは何か、美しいものとは何かを考え抜いて築き上げられた蔵の歴史を受け継ぐ者の覚悟と誇りに満ちていた。

立ち寄りスポット

西岸寺
京都市伏見区下油掛町898
☎075-601-2955

寺田屋
京都市伏見区南浜町263
☎075-622-0243
10:00～15:40
月曜不定休、正月休
入場料要

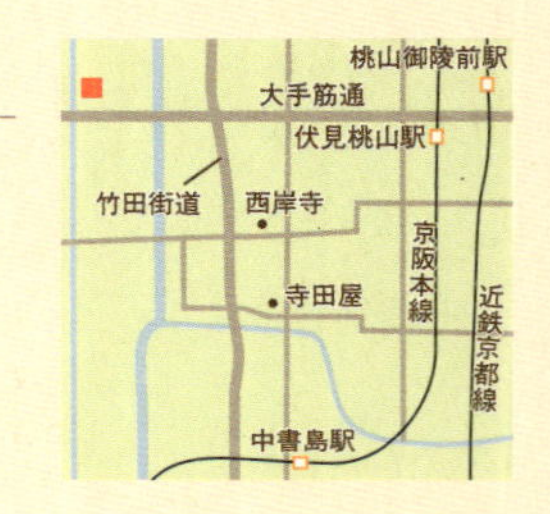

伏見を象徴する風景
近代化産業遺産に認定されている
赤レンガの煙突
珍しい八角形！
およそ18メートル
石炭を燃やした時代のもの
大玄関
万暁院
書舫園
構想およそ30年…
織田信長の弟、有楽斎が住んでいた東山、建仁寺塔頭正伝院から移築された大玄関と表門
"すみれイチオシ！"
"桃の滴 純米吟醸"
米の旨味がしっとりとしみわたる…
桃の滴
わが衣にふしみの桃の雫せよ
松尾芭蕉が当時の住職・任口上人を訪ね、その高徳を伏見名物だった桃に例えた一句
（西岸寺の句碑）
芭蕉塚
円山応挙作、初代のお父様を描いた肖像画。
社長 松本保博さん

まめコラム❷

伏見で名水さんぽ

伏見の街には、名水の湧く井戸があちこちに点在しています。街歩きの際に、マナーを守りつつ、それぞれ味わってみませんか?

それぞれの位置は14～15ページの地図で確認を。

●不二の水(藤森神社)
「二つとない」という意味の御神水。地下100mから汲み上げている。

●常盤井水(キンシ正宗)
本社の構内で毎時70tを汲み上げている。

●菊水若水(城南宮)
東大寺お水取りの香水、二月堂の「若狭井」と同じ水脈といわれる。

●金運清水(大黒寺)
2001年に掘られた井戸。大黒天にちなみ、金運、資産増加にご利益が。

●御香水(御香宮神社)
伏見の名水の代表格。12～13ページのコラムも参照。

●さかみづ(月桂冠大倉記念館)
館内に湧く月桂冠の仕込水。

●白菊水(鳥せい本店北隣)
山本本家(伏見銘酒協同組合)の仕込水。一人の仙人が「日照りで稲が枯れたとき、私の愛でた白菊の露から清水が湧きだす」と告げたという伝説がその名の由来。

●閼伽水(長建寺)
閼伽水とは仏様に供える水のこと。手洗い石は、泉涌寺塔頭・即成院から移された。

●伏水(黄桜カッパカントリー)
伏見の古称を名乗る、黄桜の仕込水。同店でペットボトル入りの水も販売。

●勝水(乃木神社)
御祭神の乃木希典大将にちなみ、勝運祈願の水とされる。

蔵さんぽ 京都・北部編

清流と北山杉の里へ──森の恵みと歩む蔵

羽田酒造

京都市右京区京北周山町下台20
☎075-852-0080
店頭販売・試飲あり、蔵見学は要予約
「酒公杯　木桶仕込」（720ml）1800円

ＪＲ「京都」駅から、ＪＲバス高雄・京北線に乗って約１時間半。北山杉の木立が目に入ると、ほどなくして「周山バスターミナル」にたどり着く。そこから歩いて5分ほどの場所に、巫女さん時代からご縁のあった羽田酒造がある。

松尾大社の境内にも並んでいた、洛西の地酒「酒公杯」は、松尾大社のご神水と京都の酒米「祝」を杉桶で醸した、この蔵のお酒だ。フレッシュな味わいをいつも楽しみにしていたのを思い出しながら、蔵元を訪ねた。

蔵のある京北地域は、山に囲まれ、桂川上流の清らかな伏流水に恵まれている。その水を生かし、蔵では１９９７年から、日本酒以外に地ビール造りも行っている。

周山街道に面した古い木造蔵は、築１００年を越える。「蔵は、地域の財産として活用したいんです」と話すのは、管理・業務部長の藤田裕（ゆたか）さん。ここで演奏会を企画したり、地域の小学校の見学も受け入れているそうだ。

しんと静まり返った蔵の中には、木々のささやきが聞こえてきそうだ。北山杉を使ったお手製の道具たちも、忙しい冬の季節をひっそりと待っている。

蔵の裏手には、一面、黄金色の田んぼが広がっていた。ここで育つのは、酒公杯にも使われている祝米。背が高いため倒れやすく、育てるのにも手間がかかる。

「もうすぐ稲刈りなんですが、雨が心配で…」と藤田さん。稲刈りは、蔵人が丹精込めて行う。人々の愛情と豊かな自然の恵みを受け、たわわに実った稲穂が輝いていた──。

立ち寄りスポット

道の駅　ウッディー京北

京都市右京区京北周山町上寺田1-1
☎075-852-1700
9:00～18:00
年末年始休

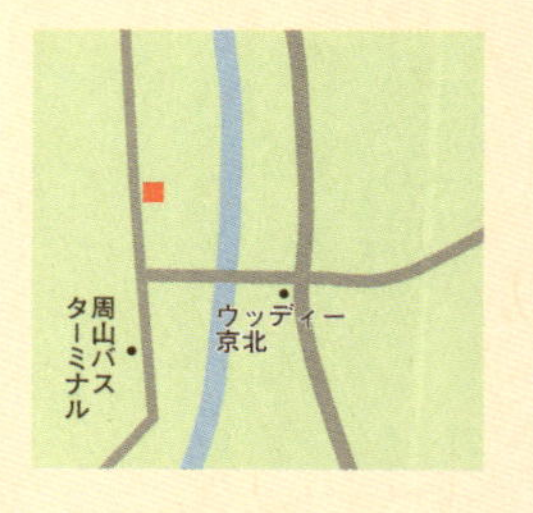

北山杉の木立
美しさをたたえた
静かな
周山街道
道の駅
ウッディー京北
市場に並んだ
山の幸
アケビ
舞茸
北山杉の
工芸品も
たくさん
羽田酒造
創業
121年目
郷 宿
清酒初日の出醸造元
羽田酒造有限会社
藤田裕さん
羽田
真知子さん
…ここは
昔は、丹波篠山藩の
飛び地で
同藩の役人たちが
泊まるための
"郷宿(ごうしゅく)"だったんですよ。
杉玉の
マスコット
キャラクター
"杉まる"
子供たちから
大人気♪
蔵の
販売推進
部長
です！
稲刈りを控え、
頭をたれる
祝米——
すみれ
イチオシ！
杉桶の
心地良い香り
洛西の
地酒
"酒公杯"
木桶仕込
松尾大社と
縁の深い
豪族秦氏の
「秦酒公」
より命名
酒公杯

ニューフェイスの酒を生んだイギリス人杜氏との縁

木下酒造

京丹後市久美浜町甲山1512
☎0772-82-0071
店頭販売・試飲あり、蔵見学は不可
「玉川　自然仕込　純米酒（山廃）　無ろか生原酒」（720ml）1238円

酒好きの間でたびたび話題にのぼる酒「玉川」との出会いは、巫女さん時代。淡麗でさわやかなお酒を入り口に、日本酒にいよいよはまり出した頃だった。

「あのなあ、地酒っちゅうもんは…」と、私の日本酒の師匠が差し出した山廃仕込みの「玉川」に衝撃を覚える。「ガツン」と殴られたような味わいとはこれだ。その独特の芳香は今も忘れない。

その味に強く魅かれ、蔵元の木下酒造へは個人的に何度も訪れているが、今回は初めて取材という形で、社長の木下善人さんにお話を伺った。

2007年、長年勤めていた杜氏さんが亡くなったことが蔵の転機だった。閉蔵まで考えていた頃、木下さんはある知人から、現杜氏であるフィリップ・ハーパー氏を紹介される。ハーパー氏の酒造りへの熱い思いに希望の光を見出したという木下さん。「あなたが目指す酒を造ってください」と、新しい酒造りの始まりを託したそうだ。

1年目に仕込んだ酒の味わいは、ベテランの木下さんにとっても初めてのものだった。それは、蔵にすむ酵母を利用した昔ながらの製法で醸された、力強い味だった。

当時、世間は淡麗辛口ブームだったにもかかわらず、その酒はすぐに完売したという。ハーパー氏が来てから、蔵の環境はみるまに変わり、仕込むタンクは年々増えていった。それでも、酒質を維持するため、蔵の拡大は目の届く範囲までと心がけてきた。

「運と縁に恵まれてきた」という木下さんの笑顔がとても輝かしかった。

立ち寄りスポット

ミルク工房そら

京丹後市久美浜町神崎411
☎0772-83-1617
10:00 ～ 17:00
木曜休（祝日の場合は営業）
「ソフトクリーム」（314円）
「牧場のダックワーズ」（1個138円）

蔵から見える"かぶと山"
(人喰い岩)
山に入ったきこりがこの岩に食べられてしまう。村人たちが岩に赤土をぬり、それきり人を食べなくなった…
"玉川 人喰い岩"の銘柄としても親しまれている
一両編成の車両
北近畿タンゴ鉄道
(甲山駅)こうやま
蔵まで徒歩2分
(木下酒造)
社長 木下善人さん
"玉川"とは…蔵の近くにあった川が玉砂利を敷き詰めたような清流だった様子から命名された
社長さんに甘える蔵の看板猫ちゃん!?
すみれイチオシ
"玉川 自然仕込 純米酒(山廃) 無ろか生原酒"
果物のような香り…力強い旨味
お肉や中華にもあいます
杜氏 フィリップ・ハーパーさん
関西弁がステキ
(丹後ジャージー牧場)
(ミルク工房そら)
朝搾りたてのジャージー牛乳を使った乳製品の店。
濃厚ミルクのアイスクリーム♡
子牛がお出迎え

思いを受け継ぎ進化させた〝幻の酒米〟で醸す美酒

竹野酒造

京丹後市弥栄町溝谷3622-1
☎0772-65-2021
店頭販売・試飲あり、蔵見学は要予約
「亀の尾蔵舞」（720ml）1425円

北近畿タンゴ鉄道「峰山」駅から車で約10分。風にうねる稲穂の波を望むことのできる場所に、竹野酒造はある。

丹後は酒米・食米とも、最も良質なものがとれる「特A地区」に指定されている。そんな米どころの利を生かし、蔵では「亀の尾」「旭」「祭り晴」といった〝幻の酒米〟を地元農家の協力で復活させ、酒造りを行ってきた。

しかし、蔵は２００９年にある悲しみに見舞われた。それは、跡取り息子の行待佳樹（ゆきまちよしき）さんが他府県の蔵での修業を終え、戻って来て数年後。彼が杜氏に就任した同年に、50年以上勤めた日下部杜氏が亡くなられたのだった。

「おやっさん」と慕ってきた存在を失った行待さんに、さらに追い打ちをかけるように、酒米「亀の尾」が農家側の意志で栽培されなくなるかもしれないという知らせが舞い込んだ。

「亀の尾を使った酒造りは、もうできないのか?」。行待さんは「血の気が引くような思い」を味わったというが、一筋の光となる出来事が起こる。

日下部さんの亡き後、行待さんが杜氏として初めて仕込んだ酒「亀の尾蔵舞（くらぶ）」が２０１０年の全国酒類コンクール純米酒部門で1位を獲得したのだ。蔵も酒米「亀の尾」の存続も無事に守られた。

行待さんは、近年では、蔵を開放した「蔵舞Ｂａｒ」を定期的に開催している。そこでは地元の漁師や農家、酪農家から直接仕入れた食材を使い、招かれたシェフが腕を振るう。

私と同世代の躍進に、これからも目が離せない。

立ち寄りスポット

ちりめん工芸館

丹後ちりめんの絵はがきを販売。
京丹後市弥栄町和田野584
☎0772-65-4151
無休

丹後あじわいの郷

体験型農業公園（牧場、農園、お花畑、工房、レストラン、ホテル）
京丹後市弥栄町鳥取123
☎ 0772-65-4193
営業時間、定休日は季節により変更あり

四季折々の田園風景を眺める蔵
清 弥栄鶴 酒
この景色を前に"蔵舞Bar"のイベントを開催!
長男 行待佳樹さん 杜氏
次男 達朗さん
三男 皓平さん
三兄弟で蔵を支える
すみれイチオシ!
"亀の尾蔵舞"
甘口でスッキリな純米酒 日本酒ビギナーにもオススメ!
グラスで香りを楽しむ
亀の尾 蔵舞
一日に何百本もの瓶を洗う作業
作業する手はてきぱきと休ます…
行待さんのお祖母さま

海から一番近い蔵
伊根に咲く女性杜氏の心意気

向井酒造

与謝郡伊根町平田67
☎0772-32-0003
店頭販売・試飲あり。蔵見学は要相談
「伊根満開」（720ml）1762円

波穏やかな伊根湾に広がる舟屋の町並み。後ろ手には山が迫り、人々は海に最も近い場所で生活している。

ここへは、幼い頃から家族で何度も訪れていて、舟屋の旅館に泊まったこともある。船着き場が家の中にあり、2階からは釣り糸を垂れて魚釣りもできた。冬の厳しさを語る宿主の話には、人はどんな環境でも生きられるたくましさを持っているのだと感じた。

日本酒に目覚めてからは、伊根で唯一の蔵元・向井酒造を訪ねるようになった。北近畿タンゴ鉄道「天橋立」駅から、路線バスに揺られて1時間ほどの距離だ。

一番のお気に入りは「伊根満開」というお酒。ロゼワインのような華やかな赤色、ほどよい甘酸っぱさ。このお酒を造った女性杜氏・長慶寺久仁子さんにお話を伺った。

大学の醸造学科を卒業後、お父さまの後を継ぎ、23歳で杜氏になった久仁子さん。当時はベテランの蔵人たちに認めてもらうのもままならず、持ち前の根性だけで酒造りにいそしんでいたそうだ。

あるとき「一本の幹は、枝がないと育たないんだよ」という先輩杜氏からのひと言をきっかけに、それまでの蔵人との関係を改めるように。時間をかけながら、ともに蔵を支えあう絆を築いた。

近々、蔵には歳の離れた弟さんが、修業を終えて帰ってくるという。

「次は、私が支えてあげる番です」

りんとした強さと優しさを兼ね備えたお酒が、今日も港につく人々を迎えてくれる。

立ち寄りスポット

舟屋の里公園

伊根湾と舟屋群を一望できる高台に立つ道の駅。土産物店・飲食店の定休日は店舗により異なる。
与謝郡伊根町字亀島459
☎0772-32-0680

伊根湾めぐり遊覧船・日出駅

与謝郡伊根町字日出11
☎0772-32-0009
9:00～16:00の0分・30分に運航
周遊時間は約25分、大人680円

舟屋が見える特等席で乾杯ー
蔵に設けられた浮桟橋には、海上からお酒を買いに立ち寄る人も。
"伊根満開" 赤米のお酒 パスタにもよく合います
すみれイチオシ!
伊根満開
久仁子さんおすすめの肴♡
天橋立オイルサーディンの梅干あえ
一度食べたらやみつきに…
道路をはさんで山手と海側にたたずむ蔵
江戸中期1754年創業
樹齢300年を超える松の木が伸びる
海手の仕込蔵、扉のむこうは海ー
蔵人、夫 長慶寺健太郎さん
杜氏 長慶寺久仁子さん

まめコラム③

和らぎ水を味方に

日本酒のアルコール度数は、おおむね15度~20度。ロックや水割りなどにせず、そのまま飲むお酒としては、アルコール度数が高めです。

おいしくて、つい飲み過ぎて、深酔いしてしまった…ということは、できれば避けたいもの。そこでオススメしたいのが、酒の合間に飲む「和らぎ水」。水を飲むことでお酒のアルコール分が下がり、酔いの速度が緩やかになります。

口の中がリフレッシュできるので、複数の種類のお酒やお料理もよりおいしく楽しめるといった良さも。お店でも、酒と一緒にコップ一杯の水を頼みましょう。

仕込水を和らぎ水に

自噴する井戸や、近くの山からの伏流水など〝水自慢〟の蔵の中には、蔵見学の際に、お酒の試飲だけではなく、酒の仕込水を飲ませてくれるところもあります。

お酒と最も相性のいい和らぎ水は、やはりそのお酒を仕込んだ水。ぜいたくな体験ですね。

悪酔いを避ける優秀なアテ

悪酔いを防ぐための工夫としては、和らぎ水のほか、アテの選び方も大切です。

おすすめは高タンパク・低カロリーの食品。タンパク質には胃をガードし、肝臓の働きを助ける働きがあるためです。

ほかには、タンパク質の吸収を高めるビタミンB6、肝機能を高めるタウリンを含む食品にも注目を。

豆腐や枝豆などの大豆製品、イカ、タコ、貝、海藻などの海産物、肉ならレバーを。

蔵さんぽ
滋賀編

文人らが愛した地で〝湖族〟の末裔が醸す酒

浪乃音酒造

大津市本堅田1-7-16
☎077-573-0002、☎077-573-0001（余花朗）
店頭販売・試飲あり、蔵見学は要予約
「浪乃音　夏吟醸生　風」（720ml ）1400円

あるとき、「浪乃音」という銘のお酒に出会った。その名にぴったりのさわやかな味わいに、幼い頃連れられた琵琶湖畔の情景が浮かんだ―。

蔵元を訪ねたのは、5月初旬。早くも夏のような日差しが照りつける中、JR湖西線「堅田」駅から湖へと歩いた。

次第に港町の趣が色濃くなり、古い町並みの中に、名産の川魚の佃煮や鮒寿司を売る店を見つけた。ヨシが茂る湖岸の向こうには浮御堂。のどかな釣り人たちの姿にも、昔ながらの風情を感じる。

ほどなくして、浪乃音酒造にたどり着く。店の奥から、たくましい風貌の10代目蔵元・中井孝さんが現れた。

中井さんは、この地の歴史に深く関わる「湖族(※)」の末裔。中井家は、この地で代々、酒造りを司っていたという。ご家族の団結は今でも変わらず、長男の中井さんを筆頭に、次男・三男と三兄弟の杜氏が力を合わせてお酒を造る。

中井さんの祖父にあたる8代目の幹太郎さんは、蔵のそばに琵琶湖を借景にした邸宅を建て、多くの文化人を招き交流を深めた。風光明媚な地で醸される酒には、誇りある一族の面影が映る。

※湖族：平安時代より、琵琶湖の水運・漁業を司り、堅田の地を繁栄させた豪衆のこと。「堅田衆」とも呼ばれる。

立ち寄りスポット

浮御堂
大津市本堅田1-16-18
☎077-572-0455
観覧料要

居初氏庭園
大津市本堅田2-12-5
☎077-572-0708（要予約）
観覧料要

家屋の裏にまわると湖はすぐそこ
多くの文化人たちに愛された堅田の風情ー
浮御堂
錠あけて月さし入れよ浮御堂ー松尾芭蕉
居初氏庭園
湖族で中心的役割を果たしていた居初家の庭園
茶室"天然図画亭"素晴らしい湖岸の景色を眺める
虚子の弟子だった祖父にならい、俳句をたしなんでおられるそう！
浪乃音別邸
余花朗
季節のお料理とお酒を楽しめる(予約制)
高浜虚子の直筆
浪の音
優しい笑顔の蔵元杜氏・中井孝さん
すみれイチオシ！"浪乃音夏吟醸酒生風"
スッキリ飲みやすい！夏に冷やして一杯…
風

〝松尾さん〟のご縁に導かれ旧東海道にある酒蔵へ

北島酒造

湖南市針756
☎0748-72-0012
店頭販売・試飲あり、蔵見学は要予約
「北島　生酛　渡船」（720ml）1500円　※蔵での販売はなし、特約店限定流通

ある暖かい春の日、湖南市にある北島酒造を訪ねた。この蔵は、かつて私が巫女をしていた松尾大社とのご縁が深く、蔵の周辺にも〝松尾さん〟ゆかりの場所がある。

JR草津線「甲西」駅から、山手へ進むと、国の天然記念物「うつくし松」が自生する美松山のふもとに、松尾神社が鎮座している。ここは、京都の松尾大社の分社。全国には、松尾大社を総本社とする分社があるのだ。

古びた山門をくぐると、こじんまりとした境内に、南照寺のお堂と、奥には松尾神社の本殿が建っていた。誰もいない静かな境内で、松尾の神様がつないでくださったご縁に、ふと嬉しくなった。

そこから少し歩くと旧東海道にさしかかる。北島酒造はこの街道沿いの蔵。店頭には、「御代榮（みよさかえ）」と書かれた、京都・松尾大社の名誉宮司による書が掛けられていた。

蔵主の北島輝人さんは、蔵の酒造りの工程を丁寧に説明してくださり、試飲では、滋賀で復活した酒米「渡船（わたりぶね）」などを使った、地元農家の努力の結晶のようなお酒をたくさん並べてくださった。

「造りをせかしたり、手間を省いたりすると、酒の味がごわつくんです」

新しい設備を整えながら、たいへんな手間と時間をかけた〝生酛（きもと）造り（※）〟にも力を入れる。「挑戦を続けることこそ、この蔵を守ること」という北島さんの熱い想いは、こんこんと湧く蔵の清水のように、尽きることがない。

※生酛造り：江戸時代から伝承される、自然の乳酸菌の力を生かした酒造りの方法。

立ち寄りスポット

松尾神社
湖南市平松263

南照寺
湖南市平松264
☎0748-72-0950

南照寺の門をくぐると、奥には松尾神社
神仏習合の名残り。
南照寺
近江湖南二十七名刹霊場
松尾神社
亀の石像
創業約200年
北島酒造
古さと新しさが漂う仕込み蔵…ほのかなお酒の香り
御代榮
蔵元 北島
地酒
御代榮
14代目蔵主 北島輝人さん
すみれ!イチオシ"北島 生酛 渡船"
原料には鈴鹿山系のやわらかい水、滋賀県産酒米"渡船"
北島
生酛は平盃で飲むのがいいですよ
コクがあってきれいな味わい!
店頭には"水琴窟"
試飲のときの和らぎ水としていただく
コロン…コロン…

修験道の山のふもとで米を育て、杯を交わす

畑酒造

東近江市小脇町1410
☎0748-22-0332
店頭販売・試飲あり、蔵見学は不可
「大治郎　純米吟醸　生酒」（720ml）1650円

ガタゴトと2両編成で進む近江鉄道に揺られ、「太郎坊宮前」駅に到着した。まずは、駅からも見える赤神山を目指して歩く。山の中腹にある太郎坊宮阿賀神社をお参りすることにしたのだ。

参道をひたすら歩き、山のふもとの鳥居にたどり着くと、そこからは、天へと続くような階段…。めまいを覚えたものの、こりゃ修行だと気持ちを奮い立たせた。ここは〝太郎坊さん〟と呼ばれる天狗を守護神とした修験道の山。道中の険しさにも納得がいく。

その後、山のふもとにある畑酒造で、蔵元杜氏・畑大治郎さんにお会いした。

素朴ながらインパクトある「大治郎」の銘柄は、創業者の名前と、その名をもらって命名された、畑さんご自身の名前に由来する。この酒は、畑さんが酒造りを任された年である1999年に誕生した。

蔵では、大正初期の創業以来、「喜量能」という銘の地酒を造っていた。しかし、日本酒の消費量が低迷する中、蔵として生き残るため、より個性的で高品質な酒を—。「大治郎」誕生の背景には、そんな思いがあったという。

こだわりは、米にある。畑酒造の原料米は、すべて地元農家の契約栽培で育てられている。畑さんも田んぼに出て、ともに酒米造りにいそしむそうで、普段から農家の方々と一緒に「大治郎」を酌み交わすことも多いとか。

自分の名前を冠したラベルに慣れるには、少々時間がかかったと笑う畑さん。「大治郎」のどっしりとした味わいには、おおらかな風土と、造り手の穏やかな暮らしが浮かぶ。

立ち寄りスポット

太郎坊宮・阿賀神社

東近江市小脇町2247
☎0748-23-1341

近江商人博物館

東近江市五個荘竜田町583
☎0748-48-7101
9:30～17:00
月曜（祝日の場合は火曜）、年末年始休

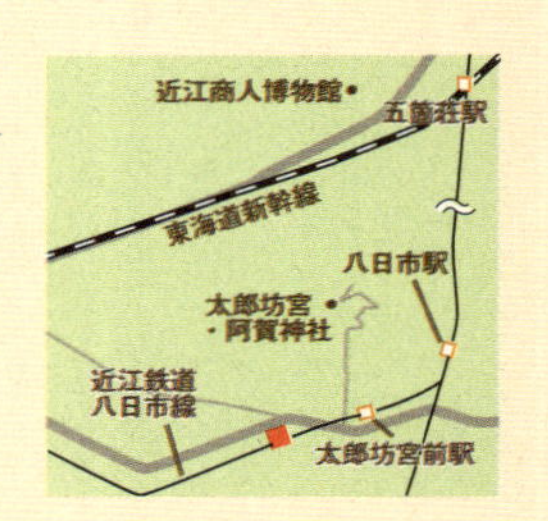

太郎坊宮
阿賀神社
この地を見下ろす修験道の山
勝運の神
"たろぼうさん"として親しまれている
太郎坊宮
太郎坊宮前駅には天狗のお面
近江鉄道
通称"ガチャコン"
夫婦岩
山上の本殿前、巨石をくぐり抜ける
悪心ある者は岩に挟まれると伝わる…
畑酒造
蔵元杜氏 畑大治郎さん
仲むつまじいおふたり
きりょうよし
奥様の久美子さん
すみれイチオシ！
濃い旨味にうっとり…
"大治郎 純米吟醸 生酒"
男前なルックスのワンカップもオススメ！
大治郎
大治郎

蔵と旨酒を輝かせる 近江商人の心意気

岡村本家

犬上郡豊郷町吉田100
☎0749-35-2538
店頭販売・試飲あり、蔵見学は要予約
「金亀　白　80」（720ml）1100円

黄金色に輝くしずく…。私に燗酒のおいしさを教えてくれたのは、「金亀　白　80」だった。その蔵元を訪ねて、湖東にある豊郷へやって来た。

近江商人ゆかりの地といわれるこの街には、伊藤忠商事の創立者・伊藤忠兵衛の生家など、数多くの屋敷が残る。

煙突が高くそびえ立つ岡村本家も、古い歴史を持つ。安政元年（1854年）に時の彦根藩主・井伊直弼に酒造りを命じられたことが、その始まり。取材をした2014年に、蔵は創業160周年の節目を迎えていた。

酒の原料は地元の近江米にこだわり、創業から枯れたことがない鈴鹿山系の伏流水で仕込む。手間のかかる〝木槽しぼり〟で優しく搾られたお酒は、まろやかで旨味が濃く、お土産に購入した酒粕も、たっぷりとお酒を含み、驚くほど香り高かった。

蔵主の岡村博之さんによると、岡村家には、代々、格言集が伝わっているという。蔵を継いだばかりの頃の岡村さんは、そこにつづられた後世の者たちを励ます言葉に救われたそうだ。

蔵は古い趣を残しながら改装し、ホールやギャラリーなど、人が訪れる場所として再生された。「〝地域が栄えれば、蔵も栄える〟というのも、格言の一つでしたから…」と岡村さん。先人たちの残した言葉が、これからも、蔵の未来を明るく照らし続ける。

立ち寄りスポット

伊藤忠兵衛記念館

犬上郡豊郷町大字八目128-1
☎0749-35-2001（豊郷済美会）
10:00 ～ 16:00、月曜休館

愛知神社

犬上郡豊郷町吉田1177

近江商人の
"三方よし"
売り手よし、
買い手よし、
世間よし。
伊藤忠兵衛記念館
近江商人の
精神を受け継ぎ
経営哲学の礎を
築いた
伊藤家。
伊藤忠商事
創業者
伊藤忠兵衛
岡村本家
岡村本家
金亀
大星
金亀
蔵見学も
歓迎!
イベント時には
その場でお酒を
くめるタンクも
登場!
新酒純米酒
蔵に伝わる
"木槽袋しぼり"
蔵主
岡村博之さん
昔ながらの
素朴な
味わいを
楽しんで…
改装された
広い蔵内は、
ホールや
カフェなど、
ゆったりと
楽しめる
スペースに!
すみれ
イチオシ!
"金亀
白80"
低精白80%
ぬる燗が
オススメ
長寿金亀
キンカメ
金亀
大星

北国街道にたたずむ酒蔵
若き日の魯山人を訪ねて

冨田酒造

長浜市木之本町木之本1107
☎0749-82-2013
店頭販売・試飲あり、蔵見学は不可
「七本槍　純米　80%精米　火入れ」(720ml) 1250円

私の住む京都から、湖北・木之本へ向かうには、JR湖西線と北陸本線を乗り継いで、琵琶湖を約半周する。ちょっとした旅路だ。

JR北陸本線「木ノ本」駅を降りると、戦国武将にちなんだのぼりが立つ、昔へタイムスリップしたような町並みに迎えられた。京都と北陸とを結ぶ北国街道には、かつて宿場町が栄え、多くの商人や大名が立ち寄っていた。

その街道沿いにあるのは、「七本鎗」の銘を受け継ぐ冨田酒造。豊臣秀吉の天下統一への足がかりとなった「賤ヶ岳の戦い」にちなんだ名を持つその酒は、昔から縁起物として愛されていた。

店頭には、北大路魯山人によって篆刻された看板。かつて長浜の地に滞在した魯山人は、12代目蔵主と親交があった。エネルギーあふれる筆跡にほれぼれする。

「勢いのある作風には、刺激をもらいます」と熱っぽく語るのは、15代目蔵主の冨田泰伸さん。この看板を彫った、当時の魯山人と同じ30代の若き蔵主だ。

冨田さんが目指すのは、この土地をほうふつとさせる〝土壌感〟を持った地酒。蔵を継ぐ前に、世界のワイナリーや蒸留所を旅して回り、ワインが地元のブドウにこだわり、それをブランドにして愛されていることを知った。「日本の地酒も、本来同じであるはず」と気が付いた。

地元の風土が生んだ米にこだわり、世界に向けて挑戦する冨田さん。「今は、酒に真正面からぶつかるとき…」そう語る姿は、若き魯山人の気迫を宿しているかのようだった。

立ち寄りスポット

山路酒造

長浜市木之本町木之本990
☎0749-82-3037
8:00 ～ 18:00、無休(元日除く)

つるやパン

長浜市木之本町木之本1105
☎0749-82-3162
8:00 ～ 19:00
(土日祝は9:00 ～ 17:00)
無休(お盆・正月除く)

北国街道　安藤家

長浜市元浜町8-24
☎0749-65-3935 (長浜まちづくり株式会社)
10:00 ～ 17:00、「小蘭亭」の特別公開は春と秋
観覧料要

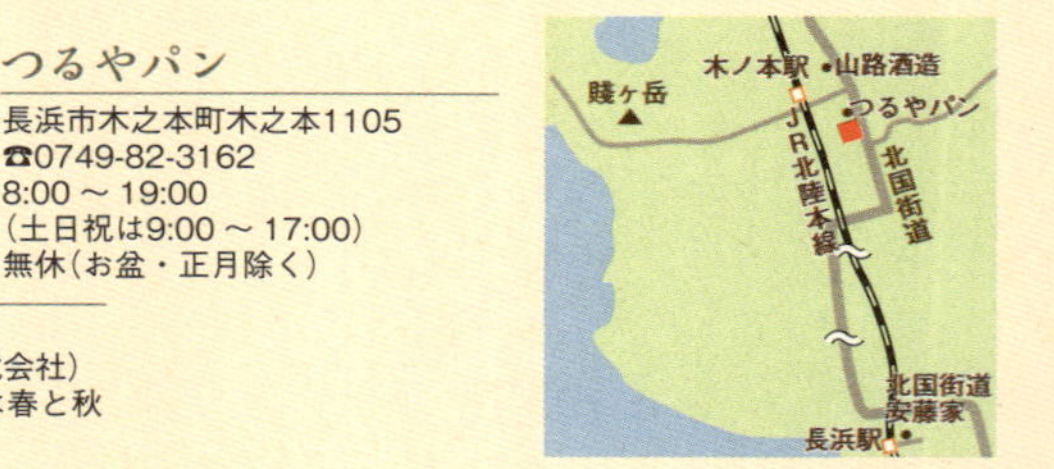

"大観"という北大路魯山人の若き日の名が刻まれている―
冨田酒造
創業460年余り
宿場の面影を残す―
七本鎗
玄関にはヒキガエル
客を引く…昔ながらの縁起物
すみれイチオシ!
米の旨味たっぷり!
"七本鎗 純米80%精米 火入れ"
15代目蔵主!冨田泰伸さん
ぶらり…北国街道
つるやパン製造元
個性豊かなサンドイッチ…滋賀県民のソウルフード!?
サラダパン
サンドウィッチ
魚肉ハム+マヨネーズ
たくあん+マヨネーズ
北国街道 安藤家
豪商の旧家
魯山人が装飾を手掛けた"小蘭亭"
魯山人に導かれるように…
長浜駅でも途中下車
室内は、迫力ある色彩美!
訪れた日は、小蘭亭の特別公開中であった。ラッキー!
山路酒造
旅人たちの疲れを癒した…
とろりと甘く滋味深い…
ロックもオススメ♡
名産 桑酒

ひと口味わえば、目の前には棚田の風景―

福井弥平商店

高島市勝野1387-1
☎0740-36-1011
店頭販売・試飲あり、蔵見学は不可
「萩乃露　純米吟醸　里山　生原酒」（720ml）1400円

ひと口飲めば、まるで目の前に田んぼが広がるよう―。ある行きつけのお店で、そういって薦められたのは「萩乃露　里山」。ふっくらと炊き上がったご飯のような味わいに、つい顔がほころんだ。

そのお酒を造っているのは、創業約260年の老舗・福井弥平商店。

「うちの酒は、まろやかな旨味が特徴です」と、蔵主の福井毅さん。湖岸の漁師町では辛口の強い酒が好まれてきたのと対照的に、この蔵のある城下町では、昔から優しい味わいの酒が、町衆たちに親しまれてきたという。

「萩乃露　里山」には、「日本の棚田百選」にも選ばれた、地元・畑（はた）地区で作られたコシヒカリが使われている。酒米ではなく食米でできたお酒と知り、〝ご飯のよう〟と感じたことが腑に落ちた。

山が近い畑地区は獣害が深刻で、収穫時期の遅い酒米は特に被害に遭いやすい。そのため、ここでは昔から、比較的収穫時期の早いコシヒカリが栽培されている。

福井さんは、契約栽培の酒米の代わりに、この地で採れたコシヒカリの酒を造った。そこには「休耕田の増加を少しでも食い止め、美しい里山の景色を守りたい」という思いが込められている。

長年、棚田保全の取り組みを続けてきた福井さんが、畑地区を案内してくださった。「これを見て」と指さす先には、何層にも重なった石積みの畦（あぜ）が…。

それは何代にもわたり、この地を受け継いできた人々の営みの証（あかし）―。人と自然との共存の中で旨酒は育まれている。

立ち寄りスポット

高島ワニカフェ

高島市勝野1401　びれっじ6号館
☎0740-20-2096
11:30 ～ 17:30、金土日は21:00まで
月曜休（祝日の場合は翌火曜休）
「ランチ　パスタセット」1450円、「川エビのディップ」400円

"萩乃露 純米吟醸 里山"
米の旨味がぎゅっと…
比良山系の柔らかな伏流水と里山のコシヒカリを100%使用
この環境に育つコシヒカリでないと出せなかった味わいです
蔵主・福井毅さん
清酒 萩乃露
かつては"大溝城"の城下町として栄えた町並み
蔵の中には5月の大溝祭の曳山が…
築100年を超える旧家を再生した"高島びれっじ"の一軒。
高島ワニカフェ
地元の食材を使ったパスタがおいしい♡
お土産も…
びわこ産川エビのディップ。
トマトペーストに川エビの旨味がまるごと!
お酒のおつまみに大活躍♡

水路が巡る里に息づく〝木槽天秤しぼり〟の技

上原酒造

高島市新旭町太田1524
☎0740-25-2075
店頭販売・試飲あり、蔵見学は要相談
「不老泉　山廃仕込　特別純米原酒　参年熟成」（720ml）1548円

初めて上原酒造を訪ねたのは冬だった。白い息を吐きながら、水路沿いを歩いて、蔵を目指したことを覚えている。集落を巡るこの水路には、比良山系からの恵みである、清らかな湧き水が流れている。

「かばた（※）」という仕組みにより、蔵には湧き水が引き込まれ、試飲の合間に和らぎ水としていただける。キンとした冷たさが心地よく…冬の蔵の風情が、えもいわれぬ時間をもたらしてくれた。

今回、取材という形で蔵を再訪すると、専務の上原績さんが、ご厚意で「あるもの」を見せてくださった。それは、今や全国2社でしか行われていないという〝幻〟の技術、「木槽天秤しぼり」の工程だ。

木槽には醪の入った袋が重ねられ、たくましい体格の蔵人が大きな重石を調整している。最初は醪自体の重みで自然と搾り（荒走り）、その後は重石で力を加える（中汲み）。そこへ、さらに天秤を使って圧力をかける（責め）。このように圧力の大きさを変えることで、味わいの異なる酒ができる。

機械であれば1日で済むところを、3日間かけてゆっくりと搾る。「これでしか出せない味わいがあります」と上原さん。―ほれ込んだのは、手間暇のかかる、昔造りの味わい。その熱意が、全国の日本酒ファンを力強く魅了する酒を誕生させた。

※かばた：高島市新旭町界わいでは、井戸や水路によって、各家庭の内外で湧き水を飲料や炊事に利用している。この仕組みを「川端」という。

立ち寄りスポット

藁園神社

高島市新旭町藁園2060
☎0740-25-2853

正傳寺

「西近江七福神」の大黒天がまつられている
高島市新旭町旭38
☎0740-25-2241

各家庭に
比良山からの
清らかな
伏流水が
巡る
"かばた
ー川端ー"
ー不老泉の
仕込水ー
境内には
なまずの石像
火災難除け
のご利益
(藁園神社)
店頭で
切り盛りする
社長
上原忠雄さん
試飲どうぞ
"不老泉
山廃仕込
特別純米原酒
参年熟成"
すみれ
イチオシ!
肴に…
琵琶湖産
モロコの
佃煮
熟成された
旨味に
ノックアウト…
木槽天秤しぼり
圧力
てこの
原理で
圧力をかける
樫の木の
天秤棒
木材を
積んで
圧力を調整
木桶
仕込み
野性の
酵母によって
力強い酒を
育む
殺菌力のある
"柿渋"を毎年塗り
重ねて、道具を
長持ちさせる
木槽
たれ口から
しぼりたての
お酒
生まれたての
色と香り…
手間かかるんですわ…と笑顔。
専務
上原績さん
天秤棒に
重石をつけて
しぼる

まめコラム④

関西の酒米あれこれ

酒米の特徴

日本酒には、通常酒造りに適した「酒米」「酒造好適米」を使います。

酒米の特徴は、食用の米（食米）に比べて粒が大きく、心白と呼ばれる芯も大きいこと。また、粘度が高く、磨き込んでも砕けにくいことや、酒の雑味となりやすいタンパク質や脂肪分が食米より少ないといった特性もあります。そのため、食べてもあまりおいしくありません。

その種類はいろいろ

下の表は、関西の各県でよく使われている酒米の一例です。中でも、最高品種とされる「山田錦」は、大正12年に兵庫県で生まれ、昭和11年に「山田錦」と命名されて以来、〝酒米の王様〟として君臨し続けています。

山田錦と並んで人気の高いのが、岡山県で生まれた「雄町」。酒米の多くが品種改良によって作られているのに対し、雄町は在来種。酒米として優れた性質を、生まれながらにして持っていたといえます。

そのほか、近年では各県ごとの品種改良も盛んです。たとえば京都の「祝」など、新ブランドとして名をあげつつある酒米も出てきています。

関西各県で人気の酒米

	酒米の種類
京都府	五百万石、山田錦、祝
滋賀県	吟吹雪、玉栄、山田錦、滋賀渡船6号
奈良県	露葉風、山田錦
大阪府	雄町、五百万石、山田錦
兵庫県	山田錦、愛山、いにしえの舞、五百万石、白菊、新山田穂1号
和歌山県	山田錦、五百万石、玉栄

蔵さんぽ
奈良編

清酒の歴史をたどる

「菩提泉」誕生と復活の物語

米から造られる清酒(すみさけ)。そのルーツは奈良にあるという。奈良の清酒の歴史について、御所市にある「油長酒造(ゆうちょう)」会長の山本長兵衛さんに聞いた。

寺院経営のための酒造りが始まる

米を原料とした濁酒(どぶろく)の歴史は、4000年～5000年前の縄文晩期までさかのぼります。

今でいう清酒が造られるようになったのは室町時代。奈良では、大陸とのつながりを持つ大寺院が、寺院経営のため、荘園で作られた米で酒造りをしていました。これを「僧坊酒」といいます。僧坊酒造りは荘園の米に付加価値を与えるための経営戦略だったのです。

僧坊酒は大寺院の切磋琢磨により技術が高められていきました。中でも、最も画期的な清酒を造ったのが奈良市の正暦寺(しょうりゃく)。この寺で生まれた「菩提泉(ぼだいせん)」という酒が、清酒の起源とされています。その造り方には、注目すべき特徴があり、いずれも近代の醸造技術の基本となっています(下表参照)。

また、この頃、大陸から大鋸(おが)、台鉋(だいがんな)が伝わった結果、大桶が作られるようになりました。これにより一度に大量の酒が仕込めるようになり、酒質は飛躍的に安定しました。

荘園の米と大陸からの技術。その両方が、奈良の寺院での酒造技術を高めたのです。

菩提泉の製法

●菩提酛(ぼだいもと)造り…酒母造り(蒸米・麹・水の中で酵母を純粋培養して酒を造る方法)の原型。生米を水に浸けておき、水の中で乳酸菌を発生させ、その後蒸米、麹を仕込んで酵母を増殖させ、酒を造る方法。雑菌の侵入を防止する乳酸菌の性質を利用しながら、酵母を増殖させているのがポイント。

菩提泉以降、奈良で生まれた製法

●三段仕込み…酒母に水・麹・蒸し米を3回に分けて行うこと
●諸白(もろはく)造り…麹米(酒母となる米)と掛米(仕込むときに足す米)の両方に白米を使用
●火入れ作業…腐敗を防ぐために行う。フランスでパスツールがワインの腐敗を防ぐために火入れを始める300年近く前から行われていた

★菩提泉で築かれた技術が、のちに奈良酒の名声を高める「南都諸白」に受け継がれる

水運のなさが発展の壁に

その当時、奈良酒は「くだり酒」として江戸の街で珍重されていましたが、のちに伊丹や伏見、灘の酒に押されてしまいます。四方を山に囲まれ水運がなく、他地域に出すすべがなかったためです。

そして現代。1996年の夏、油長酒造を含む奈良の15の蔵元が立ち上がり、「奈良県菩提酛による清酒製造研究会」を結成しました。奈良が「清酒発祥の地」だと地元の人すら知らない状況を何とかしたかったのです。

奈良酒の誇りを取り戻せ

私たちは、日本最古の清酒である「菩提泉」を復活させる取り組みを始めました。室町時代や江戸時代初期に書かれた資料を読み解いて造り方を調べ、その後は正暦寺や奈良県工業技術センターの協力のもと、当時の乳酸菌などの採集を行いました。

正暦寺の境内を流れる川や古井戸、土の中、境内の空中落下菌などをくまなく調べ尽くし、有用な微生物を科学的に分析してもらう中、ついに1998年、酒造りに有用な乳酸菌の発見にいたりました。さらに、これらの菌を使って、清酒のもととなる酒母を製造する許可を、1999年に国税局からもらいました。

正暦寺での菩提酛づくりは、以後毎年1月に行っています（62〜63ページ参照）。このときにできた酒母を各蔵元が持ち帰り、それぞれ「菩提酛造り」の酒を仕込んでいます。

菩提酛造りの酒の特徴は、甘酸っぱい風味です。これは最初の仕込水に入る、正暦寺の乳酸菌によるもの。奈良でしか味わえないこの味を、一人でも多くの人に知ってもらいたいですね。

それはまるで、初恋の酒
澄んだ味を求めてならまちへ

今西清兵衛商店

奈良市福智院町24-1
☎0742-23-2255
店頭販売・試飲あり、蔵見学は2月の土日のみ（要予約）
「純米吟醸うすにごり生酒　南都霞酒」（720ml）1650円　※春期限定

出会ったときから恋におち、離れては恋しくなり、何度でも戻ってきてしまう…。私にとって、今西清兵衛商店の「春鹿」はそんなお酒。知人から薦められるまま、その魅力にとりつかれ、今では春を知らせる「立春朝絞り」を、毎年京都で心待ちにしている。

蔵元へは、近鉄「奈良」駅から徒歩で向かう。私は春日大社をお参りして行くのが好き。神聖さが漂う春日山の参道には、鹿に乗ってやって来られたという春日の神が、すぐそこにおられるような気配を感じる。そこから山を下ると「ならまち」の街並みが続き、ほどなく「春鹿醸造元」と掲げられた看板が目に入る。

そこは、東大寺や興福寺などの世界遺産にほど近い、今西清兵衛商店。広々とした店内に入ると、迷わず試飲スペースへ。店員さんがにこやかに、旬のお酒を勧めてくれる。ときには社長さん自らがお酒をついでくれることも。そんなときは、ほろ酔い余話にも花が咲き、つい長居してしまう。

春鹿のどこまでも澄んだ味わいが、日本酒に縁のなかった人を次々と虜（とりこ）にする。今日も誰か、また一人、春鹿に恋をする——。

立ち寄りスポット

春日大社
奈良市春日野町160
☎0742-22-7788

元興寺
奈良市中院町11
☎0742-23-1377
拝観料要

奈良美術工芸舎 誠美堂
奈良市中院町13
☎0742-22-3060
11:00 ～ 18:00、水曜休

南都諸白 春鹿 醸造元
重要文化財 今西家書院を有する"春鹿"ー今西清兵衛商店
季節ごとに限定のお酒を出しているんですよ
傳承諸白 酌不盡 呑不變 春鹿
社長 今西清隆さん
目の前ののれんには…
"酌めども尽きず 呑めども変わらず"
季節の旬のお酒がそろう
特製奈良漬サービス（利き酒終了後に）
すみれイチオシ!
春限定花見酒!!
"南都霞酒"
試飲 五百円 おちょこグラス付
稚児人形の後ろ姿
キュートなおしり かわいい…
ほのぼのならまち散策
花のお寺 "元興寺"
春いちばんの桜の下に石仏さん
奈良美術工芸舎 誠美堂
ひとつひとつ手描き 小さな土鈴をお土産に買う

はるか大和の風が吹く蔵
飛鳥ロマンに誘われて

奈良

喜多酒造

橿原市御坊町8
☎0744-22-2419
店頭販売あり、蔵見学・試飲は要予約（きき酒・お土産のお酒付きで500円）
「御代菊　特別純米　水もと仕込」（720ml）1300円

近鉄橿原線「畝傍御陵前」駅から、心地よい木漏れ日を浴びながら橿原神宮へと向かう。厳かな雰囲気に包まれた、広い神域。すがすがしい気持ちを得て、蔵元を訪ねた。

創業約300年におよぶ喜多酒造。歴史の趣漂う玄関には、暖簾が静かに風に揺れている。蔵見学と利き酒は、予約をすれば一人からでも、社長の喜多整さん自らが案内してくれる。

蔵内の道具は、一つひとつが大切に扱われ、美しく整頓されている。2階では、使い込まれた酒槽や櫂などの道具が、仕事を終えて安らかな表情で眠っていた。誠実な想いが蔵の隅々にまで宿っているように思えて感心していたら、「いつ来てもらってもきれいなようにと意識することで、身を正せますから」と、穏やかな声が返ってきた。

蔵では毎年、橿原神宮の神饌田に実った米を戴いて、神事のためにお酒を醸して奉納している。「奈良酒の特徴は、その歴史の深さにある」と喜多さんが語る通り、感謝を捧げる人々の営みは、はるか飛鳥の時代を越えて、綿々と受け継がれている。

※神饌田：神前に供えるための米を育てる各神社の特別な敷地。田植えや稲刈りなどにまつわる神事も執り行われる

お酒は、つぐ側だった…
ほとんど今ではつがれる側。

立ち寄りスポット

飛鳥寺

高市郡明日香村大字飛鳥682
☎0744-54-2126
拝観料要

酒船石遺跡

9:00～17:00、観覧料要
☎0744-54-5600
（明日香村文化財保護課）

奈良交通「かめバス」

周遊バス「赤かめ」…近鉄「橿原神宮前」駅・同「飛鳥」駅から出発
運賃／190円～走行距離に応じて加算。「周遊バス1日フリー乗車券」（大人650円）もあり
☎0742-20-3100
（奈良交通 お客様サービスセンター）

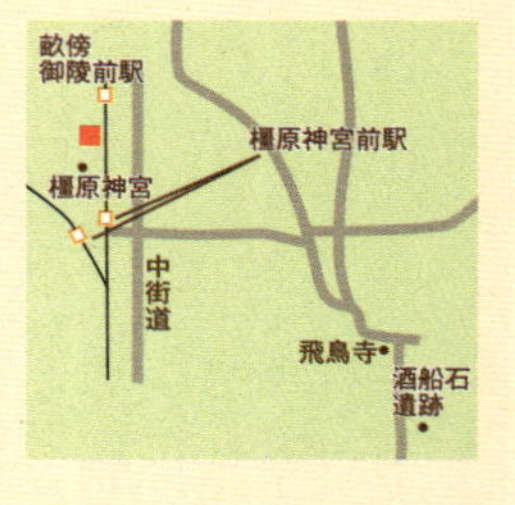

飛鳥散策
周遊バス「かめバス」に乗って
ロマンあふれる…
はるかな時をこえたタイムマシーン!?
亀形石造物
迫力あるまなざし
本尊飛鳥大仏
飛鳥寺
謎多き遺跡
酒船石
御代菊
すみれイチオシ!
"御代菊特別純米水もと仕込"
旨味しっかり
奈良うるはし酵母
酒米つゆはかぜ「露葉風」使用
御代菊
喜多酒造で挑戦!
初めての利き酒体験♪
香り
色
味
「御代菊」「白檮」など5種類を利き当てるゲーム
後でこちらを飲む
1本1本感覚を研ぎすまして味わう
むずかしい…
……
トホホな結果でした。
より深く楽しむきっかけに

めでたく響く金鼓の銘
復活を果たし、濁酒を造る

大倉本家

香芝市鎌田692
☎0745-52-2018
店頭販売・試飲あり（なるべく予約を）、蔵見学（要予約）
「濁酒」（720ml）1250円　※春期・秋期限定

蔵の奥から慌てて駆け寄ってくれたのは、大倉本家の蔵元・大倉隆彦さん。取材で伺った春先の時期は、朝から晩まで蔵にかかりきりの様子だった。そんな大倉さんを支えるお母さまや、お腹の大きな奥さま。そして、蔵を遊び場にする幼い息子さんの笑顔に迎えられた。

大倉さんは、息子さんをひょいと肩車して、蔵を案内してくれた。土間を抜け、今も現役の立派な竈がある台所へ。大倉さんが試飲用に用意してくれたのは、代表銘柄の「金鼓」や「大倉」。そして、私が初めて大倉本家のお酒を知るきっかけとなった「濁酒（※）」。ほんのり甘い後味は、驚くほど爽やか。

自身が目指しているお酒について尋ねると、少し考えた後、「何も足さず、何も引かない…ですかね」と、照れくさそうに答えてくれた。飾らない人柄に、熱い気持ちが垣間見える。

もとは、家を離れてサラリーマンをしていた大倉さん。あるとき、先代である父親が病床に伏し、蔵の歴史に幕を下ろそうとしていた。その歴史を途絶えさせまいと、閉蔵の決意固い父を説得。4代目蔵元に就任し、周りに支えられながら、蔵を復活に導いた。

それから約10年。幼い息子さんの視線の先には、たくましく働く父の姿―。蔵にはいつも、暖かい家族の肖像がある。

※濁酒：いにしえより、神事で供えるために醸された御神酒。醪を濾さないため、米がそのまま残り、白く濁っている。大倉本家では、かつては県内外の神社に濁酒を納めていた

立ち寄りスポット

當麻寺（たいまでら）
葛城市當麻1263
☎0745-48-2001
拝観料要

傘堂（かさどう）
近鉄南大阪線「当麻寺」駅より徒歩30分
☎0745-48-2811
（葛城市商工観光課）

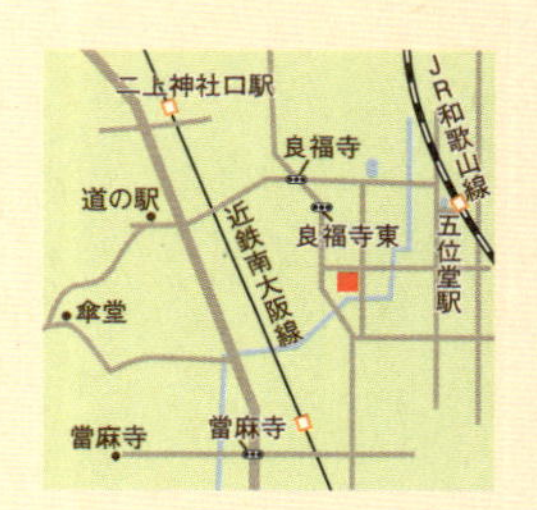

二上山
にじょうざん
万葉集にも詠まれた美しい山容
"かつてはふたかみやま"と呼ばれー
當麻寺
静かに咲き誇るシダレザクラ
傘堂
世にも珍しい建造物!?
中将姫の伝説
蓮の糸で當麻曼荼羅を一夜にして織り上げたと伝わる…
目印のエントツ発見!
キンコ
蔵主杜氏 大倉隆彦さん
株式会社 大倉本家
すみれイチオシ!
食べるお酒!?
"水酛仕込み 金鼓 濁酒"
濁酒
生酒
しゅわしゅわ炭酸がはじける
かわいい未来の五代目!?

三輪の酒の神が見守る若き蔵主の挑戦

今西酒造

桜井市大字三輪510
☎0744-42-6022
店頭販売・試飲あり、蔵見学は要予約（おちょこ付きで500円）
「三諸杉（みむろすぎ）　菩提もと　純米」（720ml）1500円

ＪＲ万葉まほろば線の車窓に、大きな三輪山が現れた。この神聖な山を祀る大神神社は、私にとって、季節が巡るごとに訪れたい場所。

そのふもとで唯一の酒蔵、今西酒造。3年前、初めて訪れた際に印象的な出会いがあった。

〝三輪のドン〟と呼びたくなるような、おおらかな気概を備えた13代目蔵主・今西謙之さん。謙之さんが語る三輪の酒と歴史の話は、地域に根付き、祭祀にも関わってきた蔵人ならではのもので、聞き飽きることがなかった。

しかし、その年のうちに謙之さんが急逝されたという訃報を耳にする。取材で訪ねたのは、そのとき以来。14代目蔵主に就任した息子の将之さんは、聞けば、私と同い年。しかし、話し始めると、その鋭い感性に圧倒されるばかり…。

「物心ついた頃から、蔵を継ぐことを念頭に人生を歩んできました」と話す将之さん。とはいえ、思いのほか突然に訪れた蔵主交代のとき。当初は「まるで暗闇をさまようようだった」という。

しかし、現在の将之さんが見せる、意欲あふれるまなざしには、葛藤の日々を駆け抜けたからこその覚悟が宿っている。「酒造りは米作りから」という先代の志を受け継ぎ、農業と酒造りに邁進する傍ら、三輪の魅力を体感してほしいと、蔵人や三輪氏子らが案内人となるオリジナルツアーを企画。

「今後もっともっと、地元にこだわっていきます!」。その奮闘を、酒の神と、偉大なる〝ドン〟が見守っていることだろう。

立ち寄りスポット

大神神社・狭井神社
桜井市三輪1422
☎0744-42-6633

そうめん處　森正
桜井市三輪535
☎0744-43-7411
10:00～17:00（冬期は16:30）、火曜休
「冷やし」950円（4～11月限定）
「にうめん」820円

白玉屋榮壽
桜井市三輪660-1
☎0744-43-3668
8:00～19:00
毎週月・第3火曜休
もなか・名物「みむろ」小1個90円、大1個180円

大神神社
三輪山そのものが御神体
いにしえの信仰を伝えている
杉玉発祥の地
三輪の神木である杉の葉で作られ蔵に持ち帰ったのが起こり
巳の神杉
巳様の好物卵と酒がお供えされている
清酒
境内、狭井神社
薬井戸
こんこんと湧く御神水
JR三輪駅前レトロな商店街をぬけて
名物みむろ
三輪の水、米、技術にこだわってより多くの人に愛される酒にしたいです！
蔵主今西将之さん
エネルギーあふれる！
創業約350年
今西酒造
独特の酸味とコク
室町時代の造りを復刻…
すみれイチオシ！
"三諸杉菩提酛"
菩提酛
三諸杉
鬼ごのみ
三諸杉

山麓に育まれた酒蔵で、吉野の春を待つ酒

美吉野醸造

吉野郡吉野町六田1238-1
☎0746-32-3639
店頭販売・試飲あり（予約不要）、蔵見学は不可
「花巴 水酛純米 無濾過生原酒」（720ml）1400円　※蔵での販売はなし。酒販店で購入可

初めて吉野を訪れたのは、まだ桜の蕾（つぼみ）も固い、3月初旬の頃。

近鉄吉野線「六田（むだ）」駅の小さなホームを出ると、伊勢街道沿いに、悠々とした吉野川の流れが見える。橋を渡ると、吉野山のふもとには、時を留めているかのような家々が静かにたたずむ。その中に「花巴醸造元」と書かれた赤い看板を見つけた。蔵の壁には「新酒しぼりたて」の真新しい木札が掛かっていて、嬉しくなる。

川のすぐ側にある事務所で、専務・杜氏の橋本晃明（てるあき）さんに話を伺った。谷あいの小さな街で、厳しい寒さのなか、この地の水や山と対話をするように育まれた〝山の酒〟。いくつか試飲させてもらうと、グラスに注がれた華やかな香り、広がる味わいが心地よく…。次々と勧められるまま、すっかり酔いしれてしまった。

「環境に逆らわず、人の顔が見えるような酒造りがしたい」と、目を輝かせて話す橋本さん。造りを終えたばかりの蔵へ、案内してもらった。

吉野杉製の桶には、静かに熟成を待つお酒が仕込まれていた。山麓を彩る千本桜を夢見て――。まだ見ぬ春が、いっそう待ち遠しい。

立ち寄りスポット

矢的庵（やまとあん）

吉野郡吉野町吉野山3396
090-2478-5834
11:00 ～ 17:00、不定休
「ざるそば」1000円、「ざる牡丹」（冬期限定・数量限定）1700円

総本山　金峯山寺（きんぷせんじ）

吉野郡吉野町吉野山2498
☎0746-32-8371
拝観料要

美吉野橋
壮大な
吉野川の
流れに
目をみはる
かつて
宿場町として
栄えた
風情ある
町並み
どこか
懐かしい
谷あいの
冷たい風に
さらされて
橋を渡ると
美吉野醸造
ゆづりは
弓絃葉の井戸
蔵の近くに
万葉集に
詠まれたと
伝わる
古井戸
仕込水である
大峯山系の伏流水
「花巴」の由来
吉野山の寺院を
信仰する人々の
植えた桜が
咲き広がる様を
あらわした言葉
橋本晃廣さん
「巴」は
広がりを
意味する
んや
清酒
花巴
醸造元
筋の通った酒を
目指してます
杜氏・専務
橋本晃明さん
すみれ
イチオシ！
"花巴 水酛"
(酒販店にて購入可)
華やかで
フルーティーな味わい
グラスで
香り
豊かに
水酛
花巴
山の幸と
味わう
まさに
山の酒
鴨ロース
など
濃い料理に
合います
吉野山にて
矢的庵
古民家の
手打ち
そば処
冬の絶品
ざる牡丹に舌鼓
花巴
純米酒
冬季限定
ざる牡丹

酒の祭を訪ねて1

醸造の神秘にふれる

奈良・正暦寺「菩提酛清酒祭」

初めて菩提酛造り（48～49ページ参照）のお酒を飲んだとき、甘酸っぱい独特の風味に驚いた。それが室町時代の製法を復活させたものであること、さらに、その仕込みを再現する祭があると知り、真冬の正暦寺へと向かった。

静かな山あいの寺には、多くの人が集まっていた。奈良の蔵主さんをはじめ、研究機関の人やメディア関係者、熱心な奈良酒ファン…。その中で、普段は国税局でお酒の監査をしているという日本酒ガールにも遭遇。終始、仕込み作業の解説をしてもらった。

作業は年長の蔵人らの指示によって淡々と進む。大きな甑から湯気が立ちのぼり、甘い香りの湯気の向こうには、次の作業を待つ蔵人たち。神聖な雰囲気に圧倒された。

◆毎年1月（不定日）、正暦寺駐車場にて開催　◆正暦寺＝奈良市菩提山町157、☎0742-62-9569

蒸し終えた米は、辺り一面に敷かれたむしろに広げて放冷される。それを〝そやし水〟に入れると、力のいる作業が始まった。

櫂を受け取った若い蔵人が、ヤーッと声を上げながら、仕込タンクの中をかき混ぜる。汗だくで作業を終えると、体から立ち上る湯気が見えた。

境内のそばでは餅つきが始まった。粕汁と各蔵の菩提酛のお酒も振る舞われる。普段はお目にかかれないお酒もあって、興奮したひととき。

仕込みを無事終えたあとは、醸造祈願の祈りが捧げられた。列をなし、ゆっくりと歩いて来た僧侶たちによる荘厳な祈りが響きわたる。

自然の力と発酵の神秘。それらを敬い続けてきた先人たちの思いに触れた。

酒の祭を訪ねて❷

個性豊かな梅酒に、発見の連続

大阪天満宮「天満天神梅酒大会」

菅原道真公を祭神とする大阪天満宮。道真公が愛した梅の季節に、ここでは過去8回にわたり、全国で造られた梅酒の人気投票を行う「天満天神梅酒大会」が行われてきた。

この原稿を書いているさなか、2015年の開催は見送られると知った。これまで運営してこられた皆さんへの感謝と、2016年の開催を願う気持ちを込めて、私の思い出を紹介したい。

◆　◆　◆

日本全国の300種を越える梅酒・リキュールが境内に並ぶこの催しでは、700円の当日券で、好きな5銘柄に投票できる。私は平日の午前10時に会場入りしたが、すでに大盛況。何種類制覇できるだろうかと、試飲の列に並んだ。

◆2015年は開催延期　◆大阪天満宮＝大阪市北区天神橋2丁目1-8、☎06-6353-0025

なにせエントリー数が多いので、どの梅酒を飲むかで迷う。そこで「日本酒ベース」「ビジュアル重視」など、自分なりの基準を決めた。

試飲カップに数ミリ注がれた梅酒を飲んでいくと、いろいろな発見があった。たとえば、ラベルや瓶のデザインは、その味と必ずしもマッチしているとは限らないこと。「地味すぎるビジュアルに華やかな味わい」「いぶし銀のおじさんラベルとネーミングに乙女な味わい」とか…。そのギャップも面白い。

一巡したころには、すっかりほろ酔い。「投票を忘れないでくださいー！」と呼びかけるスタッフの声に我に返り、熱い想いを込め、投票を終えた。大会の熱気の余韻と、天神橋筋商店街のおいしい誘惑…。ついつい寄り道してしまうのだった。

酒の祭を訪ねて③

〝松尾さん〟に舞い降りた福の神

京都・松尾大社「上卯祭」

松尾山が秋の装いとなる11月。松尾大社は、いよいよ「上卯祭」を迎える。

この祭は、良いお酒ができるよう祈るための〝醸造祈願祭〟。巫女さん時代に先輩からそう教わった。

その対となるのが4月の「中酉祭」。酒造りを無事に終えたことに感謝し、神様に奉告する〝醸造感謝祭〟だ。

上卯祭が近づくと、本殿には全国の醸造業、卸小売業の方々のための「大木札」と呼ばれるお札が並び始め、祭当日も各地から醸造家が参列する。盛大な祈願祭のあと、大木札は蔵元へと持ち帰られる。

これまで訪れた全国の蔵で、私はこのお札と何度も出会った。私の酒蔵巡りのきっかけは〝松尾さん〟のお札と再会したこと。いわば〝日本酒ガール〟の原点かもしれない。

◆毎年11月、〝上の卯の日〟に行う　◆松尾大社＝京都市西京区嵐山宮町3、☎075-871-5016

祭典中には、松尾大社と縁の深い狂言「福の神」が茂山社中によって奉納される。神前で粛々と始まる演目の途中、突如、高らかに響く福の神の笑い声―。その声は人々をおおらかに包み、すがすがしく響く。

人間国宝の故茂山千作さん演じる福の神を見たときの衝撃は忘れられない。本殿へと向かう廊下に立たれたその瞬間、横顔に福の神が宿った。

御神酒を催促した福の神は、酒奉行の松尾大明神に御神酒を捧げると、自分でも飲み干してしまう…。陽気な翁の笑みは神様を喜ばせ、人々にご利益を振りまく。

まさに、醸造祖神としての歴史を垣間見るような祭だ。

松尾大社の思い出

松尾大社で過ごした日々は、今も私の大きな誇りだ。

入社して、初めてご祈祷を見学したときのこと。本殿で神主さんが太鼓をたたき、巫女さんがゆっくりと舞いはじめた様子に、鳥肌が立った。

実は高校時代から巫女さんのアルバイトはしていたが、社員として過ごしてみると、勉強不足に気付かされ、時には落ち込むこともあった。しかし、好奇心旺盛な性格が幸いし、新しいことを教わる楽しさのほうがずっと大きかった。

神社において日本酒が大切な役割を果たしていることも、その頃に教わった。御神酒(おみき)を毎日のようにお供えする神主さんだからこそ知る、その一滴にこめられた意味。

神主さんの日々の仕事は驚きの連続！
お〜見事
鯛のしばり方から、さばき方まで。
神主さんには料理上手が多いような…

神事に欠かせない直会(なおらい)の席では、お酒のつぎ方や乾杯の作法などを、失敗を重ねながら学んでいった。そして、気が付くと、人と杯を交えることが、とても身近になっていた。酔うことで学んだこと、失敗も数知れず…。

松尾大社で巫女として過ごした数年間のことは、今も鮮烈に覚えている。本殿に迫る松尾山、古くから伝わる神事のときに味わう、時空を超えたような不思議な感覚…。正月には職員が寝食をともにして、密度の濃い時間を過ごすことが、家族みたいだと感じていたのも懐かしい。

今でも、日々の節目ごとに、まっさらな気持ちで神様に報告をしに訪れる。どんなときも、私の心の中では松尾山がおおらかに山裾を広げている。

まめコラム⑤

減少する蔵の数

中には〝休み蔵〟も

下のグラフを見てもわかる通り、日本酒の蔵の数は年々減少し続けています。

また、蔵の中には酒造免許は持っているものの、現在酒造りをしていない蔵（休み蔵）も少なくありません。つまり、酒造りを行っている蔵の数は、この統計が示すより少ないといえるでしょう。

こうした状況の背景には、日本酒の消費量の低下や杜氏の高齢化、後継者の不足といったことが挙げられます。

前例のない日本酒ブーム

一方で、現在、日本酒を見直す気運は高まりを見せており、「最近の日本酒のレベルの高さは過去に類を見ないほど」といった愛好家の声が聞かれるほどです。

それは、本書で取り上げた蔵をはじめとする数々の地酒蔵のたゆまぬ努力のたまものといえるでしょう。

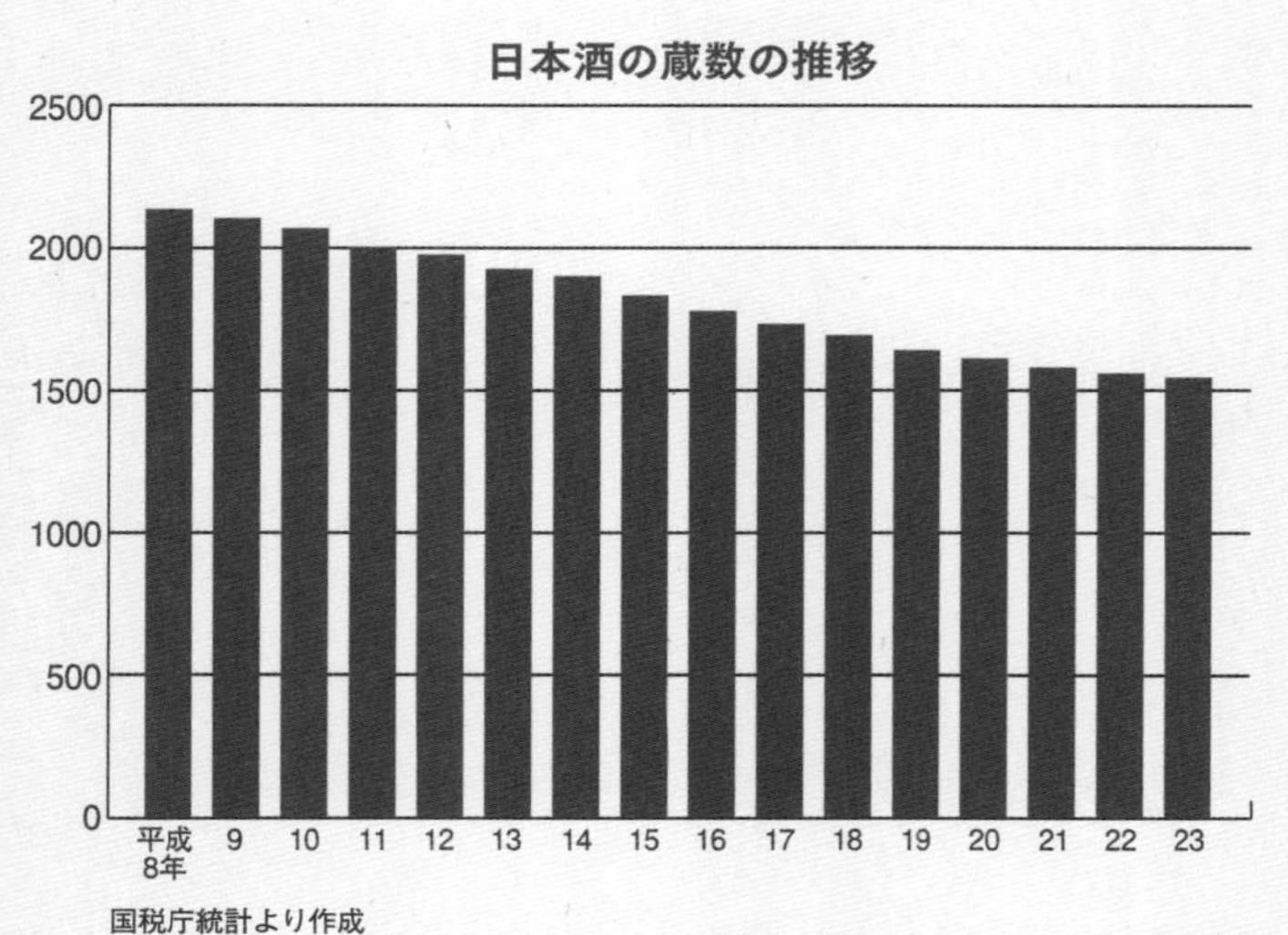

蔵さんぽ 大阪編

米のパワーに満ちあふれた一貫造りの純米酒を求めて

秋鹿酒造

豊能郡能勢町倉垣1007
☎072-737-0013
店頭販売のみ、蔵見学は不可
「秋鹿　純米吟醸　槽搾直汲　無濾過生原酒」（720ml）1650円

「秋鹿」は、私の日本酒の師匠の一人が、大阪で過ごした頃を懐かしみ、薦めてくれたお酒。春の新酒に感激し、冬には熱燗を教わり、独特のパワーを感じる口当たりにほれ込んだ。

初夏のある日、蔵元を訪ねた。能勢電鉄に揺られながら終点の「妙見口」駅まで行き、そこからはバスで約30分。潤い満ちた田畑が広がる里山の景色に迎えられた。

通り沿いに見つけた、秋鹿酒造。蔵主の奥裕明さんは、原料の米作りから酒造りまでに携わる「一貫造り」を掲げている。

奥家では、酒造業を営む前から代々米作りをしてきたそうで、奥さんご自身も、子どもの頃から農業を体で覚えてきたという。

そんな奥さんが、能勢の地で山田錦の自家栽培を始めたのは昭和60年のこと。これまでに育ててきた食米とは違い、背が高く、粒が重くて倒れやすい山田錦の栽培に最初は手を焼いたというが、数年かけ、悪戦苦闘の日々を乗り越えた。現在は、前年のもみがらや、自家精米の際に出るぬかで作った発酵肥料を使って、無農薬栽培に取り組んでいる。

近い将来、原料米すべての自家栽培を叶えたいという。いい米に宿る、そのままの味を楽しむことができる純米酒への探求心は止まらない。

蔵の裏にある田んぼには、田植えを控えた苗床があった。初めて目にする小さな苗は、天に向かってのびのびと育っている。ともに汗を流す、若い蔵人さんたちの明るい笑い声が、里山の風景を彩っていた。

立ち寄りスポット

倉垣天満宮

樹齢推定400年の大イチョウがあり
豊能郡能勢町倉垣989

妙見山

能勢電鉄「妙見口」駅より徒歩約20分の、妙見の森ケーブル「黒川」駅からケーブルとリフトを乗り継いで山頂に行ける

能勢町けやき資料館

樹齢約1000年、西日本最大の大けやき
豊能郡能勢町野間稲地251-1
☎072-737-2121
10:00～17:00（3月～10月末
11月～2月末は16:00まで）
火・水曜（祝日の場合は木曜）・年末年始休

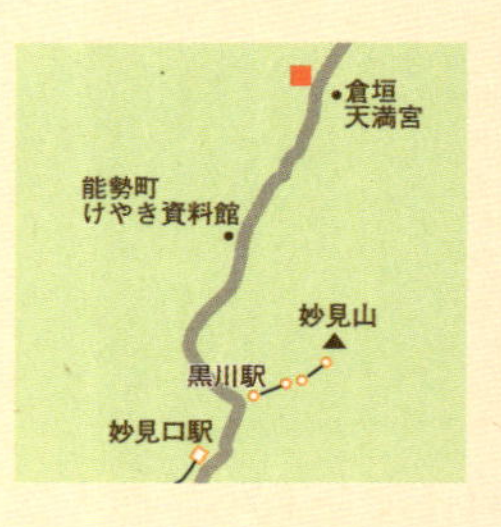

入り口の狛犬に
秋鹿の創業者の
お名前を発見！
倉垣天満宮
蔵のすぐ近くのお社。
奥鹿之助
妙見口駅前で見かけた看板…
名物
しし鍋
季節限定
味噌煮込うどん
ウリ坊のはくせい
蔵の店頭には
専務
奥眞理子さん
明るい接客にほれぼれ♡
すみれイチオシ！
山田錦100％
"秋鹿 純米吟醸 槽搾直汲 無濾過生原酒"
秋鹿
田んぼの苗床を見学！
葉が空に向かって真っすぐ伸びている苗ほど丈夫なのだとか。
出会った蔵人さんたちは全員20代！
社長さんと笑顔がそっくりな息子さん
社長・奥裕明さん

桜のおちょこに誘われて…交野の四季を織りなす酒

山野酒造

交野市私部7-11-2
☎072-891-1046
店頭販売のみ、蔵見学は要予約（1月下旬～2月末）
「片野桜　山廃仕込　無濾過生原酒」（720ml）1450円

京都・大阪・奈良の結び目に位置する交野市。「又や見ん交野の御野の桜狩り　花の雪散る春の曙」と藤原俊成も詠んでいる。その歌にちなんだ「片野桜」という銘のお酒を味わったときの感動を忘れない。

純米吟醸「かたの桜」は、ふわりと華やかさが漂う心地よさ。かたや男前に「片野桜」と太字で書かれたラベルの山廃仕込みの無濾過生原酒は、どっしりとした味わいに驚いた。

そして、このお酒に出会ったとき、思い出したことがあった。それは自分のお気に入りのおちょこのこと…。

私は昔のおちょこを趣味で集めているのだが、その一つに「片野桜　陸軍御用達」と刻まれているものがある。それは松尾大社の倉庫に眠っていたもので、整頓中にたまたま居合わせたことから譲り受けたのだった。

これもおちょこが結んでくれたご縁と思い、蔵元の山野酒造を訪ねてみることにした。

豊かな水流、良質の酒米に恵まれ、精米に必要な水車もあった交野には、江戸期には50近くもの蔵が繁栄したという。しかし現在は、山野酒造を含む2軒が残るのみ…。蔵主・山野久幸さんは、そう聞かせてくださった。

取材に訪れたのは、2014年5月。山野さんは、交野市が開設した学びの場「交野おりひめ大学」の「おさけ学科」で講座を担当する予定だと話してくれた。

「そやから、教授になりますねん」。はにかんだ笑顔と、地元を愛する温かい人柄が、「片野桜」の味わいのように心にしみわたった。

立ち寄りスポット

機物神社（はたもの）

交野市倉治1-1-7
☎072-891-4418

交野市歴史民俗資料展示室

交野市倉治6-9-21
☎072-810-6667
10:00～17:00（入室は16:30まで）、月・火曜・祝日休

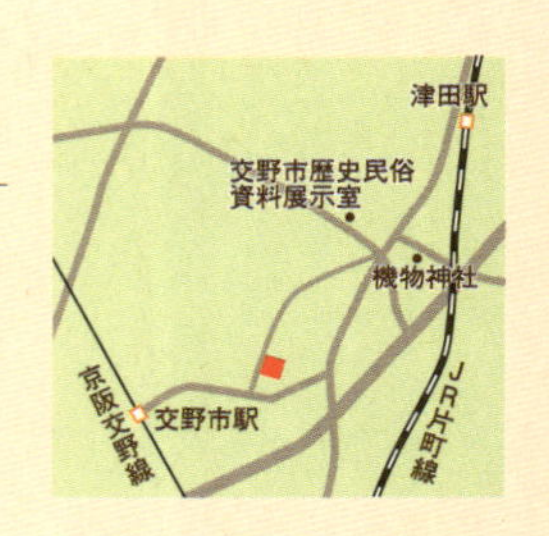

交野市は
星にまつわる
伝説や地名が
たくさん
織姫をまつる
機物神社
七夕まつり
この
土壁の
風情が
好き
片野桜
山野酒造株式会社
ひんぱんに
お客さんや
地元の人が
出入りする
小さな
白い建物は
売店と事務所
すみれ
イチオシ！
ふくよかな旨味
クセになる
どっしり感
片野桜
純米吟醸は
みやびな
かな文字ラベル
華やかな
味わい
かたの桜
蔵主
山野久幸
さん
片野桜
おちょこの
桜の花びらに
誘われた
ご縁…
気さくな
お人柄で
酒造りを
語る姿は
誇らしげ

緑潤う"無垢根村"の吟醸酒 その魅力は海を越えて―

大門酒造

交野市森南3-12-1
☎072-891-0353
店頭販売・試飲あり、蔵見学は2月の日曜のみ（要予約）
「利休梅　純米吟醸生酒」（720ml）1409円

生駒連山のふもと、かつては"無垢根村"と呼ばれた交野市の森地区で、180余年の伝統を受け継ぐ大門酒造。

玄関から続く石畳の先には、創業時の屋号である「酒半」と書かれた大きな暖簾がたなびいている。仕込み蔵を改装した週末完全予約制の食事処「無垢根亭」で、季節のコース料理「むくね膳」をいただいた。

山海の幸の朴葉焼きや自家製の燻製玉子など、次々と出てくる料理の滋味を引き立てる大吟醸「半左衛門雫酒」は、口中に山の緑の瑞々しさを思わせるような華やかさが広がった。

無垢根亭は6代目蔵主の大門康剛さんが「人々が集うよりどころであってほしい」と1998年に誕生させた。今では1カ月先まで予約で埋まるほどの人気という。

文政9年（1826年）、蔵は若き起業家、半左衛門喜之によって創業された。そのベンチャースピリットを受け継ぐかのように、大門さんは20年ほど前から、日本酒の販路を海外へと広げる事業に携わっている。

アメリカでの「日本酒セミナー」の企画・運営に始まり、1999年には、海外から日本酒が買えるインターネットサイトを立ち上げ。アメリカの流通業者向けに、日本全国蔵巡りの旅もコーディネートした。

今でこそ海外を視野に入れる蔵元も多いが、その以前から、日本酒の魅力が世界に通ずることを信じ、地道な活動を続けてきた。時代の追い風を感じながら、蔵は時を刻み続ける。

立ち寄りスポット

ほしだ園地

全長280m、国内最大級の人道大吊り橋「星のブランコ」で有名
交野市大字星田地内
☎072-891-0110
入園無料、火曜休園

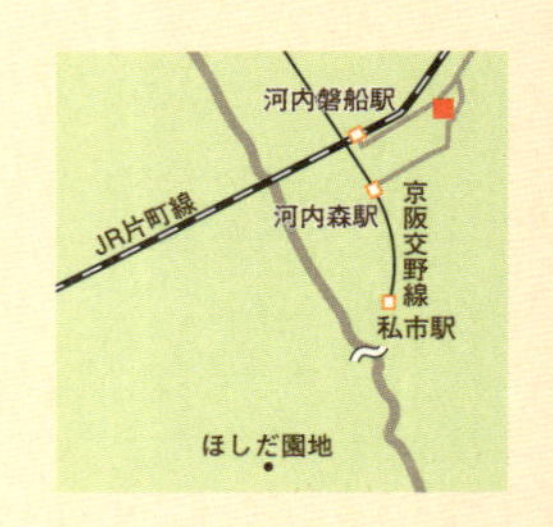

"灯籠の辻"をさらに進む
中庭には利休梅の木
隠れ家のようなひっそりとしたたたずまい
酒屋半左衛門
無垢根亭
MUKUNE TEI
すべてのお酒が吟醸造り。(低温長期発酵)
1階ー木のカウンター席
奥には仕込蔵が…
2階ー景色を楽しむテーブル席
四季折々の創作料理にお酒がすすむ♡
コース料理"むくね膳"
3,990円(税込)
すみれイチオシ!
キンと冷やして♡
"利休梅純米吟醸生酒"
生酒
利休梅
贅沢な飲み比べ♡
"天の川セット"

太閤秀吉も愛したという歴史が彩る琥珀色の酒

西條

河内長野市長野町12-18
☎0721-55-1101
店頭販売・試飲あり、蔵見学は2・3月の土日のみ（要予約・お土産付きで500円）
「天野酒　僧房酒」（300ml）1800円　※抽選販売のみ。インターネットと店頭で受け付け

少し日差しもまぶしくなった5月の初旬、南海高野線「河内長野」駅へ降り立った。

駅前から少し歩くと、大きなクスノキを目印に、高野街道へと誘われる。歴史を感じさせるたたずまいのせいか、石壁が続く道を行く足取りが、自然とゆっくりになる。

家々の軒先には杉玉がつるされていて、それをたどるように進むと、蔵元に着いた。

西條は、かつて武将や公家たちが愛してやまなかったという僧坊酒「天野酒」を復活させた蔵元。室町時代に寺院で究められた酒造りの技術を、古い文献などをひもときながら研究を重ね、「僧房酒　天野酒」として現代によみがえらせた。

「この土地の歴史を調べるほど、ここに来てもらいたい気持ちが強くなった」と蔵主の西條陽三さん。

蔵に着くまでに見かけた杉玉について尋ねると、地元の杉の葉を材料にして、各家が手づくりしたものだということだった。

「イベントでつくり方を教えたら、みんなめちゃくちゃ上手になって」と、うれしそうに答えてくださった。全部で40個ほど制作した杉玉には、仕上げにその年の新酒をかけて完成させたそうだ。

このほかにも地元の人が喜ぶイベントを企画し、地域を盛り上げる。人々の笑顔とともに、古き街道の風情を守り伝えている。

"酒かん計"
日本酒ガールの必需品!!
レトロなデザインもかわいい♥

立ち寄りスポット

吉年邸（よどしてい）のくすのき
高野街道沿い、
吉年邸南側に看板あり
※吉年邸は個人宅

長野神社
本殿は国の重要文化財
河内長野市長野町8-19
☎0721-52-2004

烏帽子形八幡神社
本殿は国の重要文化財
河内長野市喜多町305
☎0721-63-0027

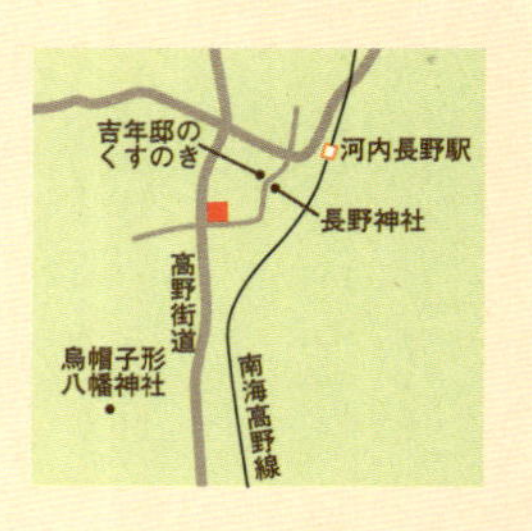

河内長野駅から高野街道へー
吉年邸のくすのき
市指定文化財
天然記念物
幻の"僧房酒
天野酒"ー
室町時代、天野山金剛寺にて極められた酒造りの技術によって生まれた。
豊臣秀吉も愛飲したと伝わる。
蔵主
西條陽三さん
今回は、特別に試飲させていただいた！
琥珀色に甘くとろける
ひんやりロックで♡温めてもおいしい！
超甘口でっせ
街道の道標は蔵元へと続く…
各家の自家製
西條合資会社
旧店舗主屋と土蔵は登録有形文化財

泉佐野に開かれた酒蔵 荘園の地で新たな〝祭り〟を

北庄司酒造店

泉佐野市日根野3173
☎072-468-0850
店頭販売・試飲あり、蔵見学は要予約（おつまみ付きで500円）
「荘の郷　純米山田錦」（720ml）1400円

泉州の蔵元、北庄司酒造店を訪ねた。かつて庄屋だったという蔵元は、関西空港へと続く国道沿いにあり、玄関からは広々とした敷地がのぞいていた。

開放的な入り口に導かれ、店内のカウンターを興味津々に眺めていると、次期４代目蔵主の北庄司知之さんが現れた。木のぬくもりを残しながら、新しい設備が整えられた蔵内を早速案内していただく。

貯蔵室から見えた、整然と並ぶ斗瓶には、丹念にしずく取り(※)されたお酒が詰まっていた。すっきりした飲み口でありながら、酒米の旨味がまろやかに引き出された大吟醸の味わいは、この静かに滓を落とす様子にも見てとれた。

日根野の街は、鎌倉～戦国時代には荘園として栄えた地。長い竹さおに色とりどりの飾りまくらを取り付けた枕幟を掲げて練り歩く「まくら祭り」やだんじり祭りなど、地域に根付くお祭りも多い。

そのような地で、北庄司さんもまた大規模な蔵のイベントを開催し、地域を盛り上げる。たとえば、泉州地場生産者とともにほぼ毎月行っている「泉佐野酒蔵ＢＢＱ（バーベキュー）」は、毎回すぐに予約が埋まるという。

地元の人とともに、地元が喜ぶことをする―。かつて庄屋として酒造りを始めた頃のまま、蔵は、人々が集い、交流する場であり続けている。

※しずく取り…醪を布の袋に入れ、天井から吊るし、自然に落ちる雫だけを集める搾り方。圧力をかけないため、雑味が少なく仕上がるといわれる

立ち寄りスポット

慈眼院
泉佐野市日根野626
☎072-467-0092

日根神社
泉佐野市日根野631-1
☎072-467-1162

泉州タオル館
泉佐野市上町3-11-47
☎072-469-5555
11:00 ～ 19:00
年末年始休

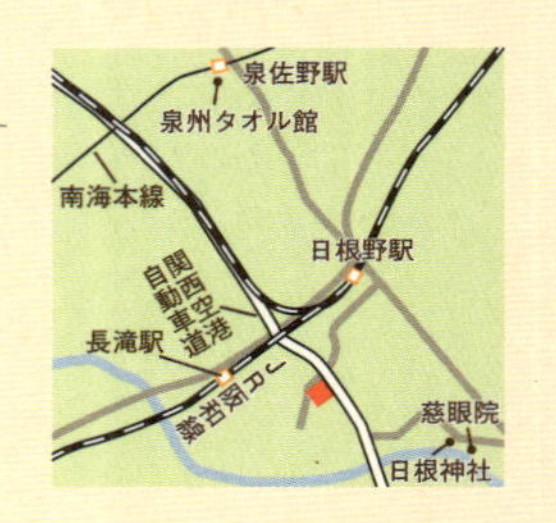

国道沿いに
ひときわ
目立つ
たたずまい
都娘
2階は
広々とした
ホール
地元の人々も
発表の場として
利用
立派な梁は
地元の
アカマツ
清々しい
蔵内を見学
店頭の
カウンターで
試飲♪
次期4代目
北庄司知之さん
すみれ
イチオシ
〃荘の郷
純米山田錦〃
純米
荘の郷
飲み飽きない
旨味
しっくりきた…
国宝
（慈眼院多宝塔）
愛嬌のある
表情の
狛獅子
（日根神社）
泉佐野には
中世期に栄えた
有力貴族、
九条家の荘園
〃日根荘（ひねのしょう）〃の
面影が色濃く
残る

まめコラム⑥

生酛と山廃、速醸酛

酒母の造り方のこと

日本酒のラベルで見かける「生酛」「山廃」という文字。どちらも酒のもとである酒母（酛ともいう）の造り方の名称で、昔ながらの手法です。

酒母は麹米、蒸米、水に酵母を加えて造り、アルコール発酵に必要な酵母菌を育てます。このとき空気中からいろいろな微生物が入ってくるのですが、余計な雑菌の繁殖は抑え、優良な酵母だけを増やすためには乳酸が必要となります。

現在は、乳酸は市販されており、酵母と同時に市販の乳酸を投入すれば、酒が造れます。このやり方を「速醸酛」といいます。

ところが、昔は乳酸が売っていなかったため、自然界に存在する乳酸を取り込むために、米や米麹をすりつぶし、乳酸菌が発生しやすい環境を作っていました。この米をすりつぶす作業が「山卸」。そして山卸を行って酒母（酛）を造るのが「生酛造り」です。

明治期に山廃造りが誕生

一方、「山廃造り」とは、山卸の作業をせず生酛系酒母を造る方法を指します。

この方法は、明治42年に国立醸造試験所で開発されました。米をわざわざすりつぶさなくても、蒸米を投入する前に、先に水の中で麹の酵素を溶かしておく（水麹）、つまり材料の投入順を変えれば同じようにできることがわかったのです。「山廃」とは「山卸廃止酛」の略称です。

愛好家を魅了する味

酒母が出来上がるまでには、速醸酛で約2週間、生酛・山廃酛では約1カ月かかります。

現在は、手間がかからず、失敗のリスクも少ない速醸系酒母が主流です。しかし、力強く個性的な味わいの生酛系の酒は、今なお多くの愛好家を惹きつけてやみません。また、生酛造り、山廃造りの酒は乳酸やアミノ酸が多いため、お燗向きという声もあります。

蔵さんぽ 兵庫編

日本酒にまつわる〝ナンバーワン〟がいっぱい

兵庫の底力

日本酒生産量全国一を誇る兵庫県。兵庫が〝日本酒王国〟たる背景と、国内有数の酒どころ・灘五郷について、兵庫県酒造組合連合会、灘五郷酒造組合に話を聞いた。

県内に9の酒造組合 全国で群を抜く生産量

兵庫県は気候風土が多様で、農業もさかんです。県内には9もの酒造組合があります（左図参照）。

その中で蔵の数が最も多いのが灘五郷酒造組合です。平成24年度の兵庫県の清酒製成数量は計12万３５４１kℓで、全国第1位（※１）。第2位である京都府の8万７２８４kℓを大きく引き離す数字ですが、これは灘五郷に多くの大手酒造会社が集まっているためです。

※１：国税庁統計より

9の組合からなる兵庫県酒造組合連合会

北兵庫酒造組合
丹波・篠山酒造組合
姫路酒造組合
社酒造組合
伊丹酒造組合
加古川酒造組合
灘五郷酒造組合
明石酒造組合
淡路酒造組合

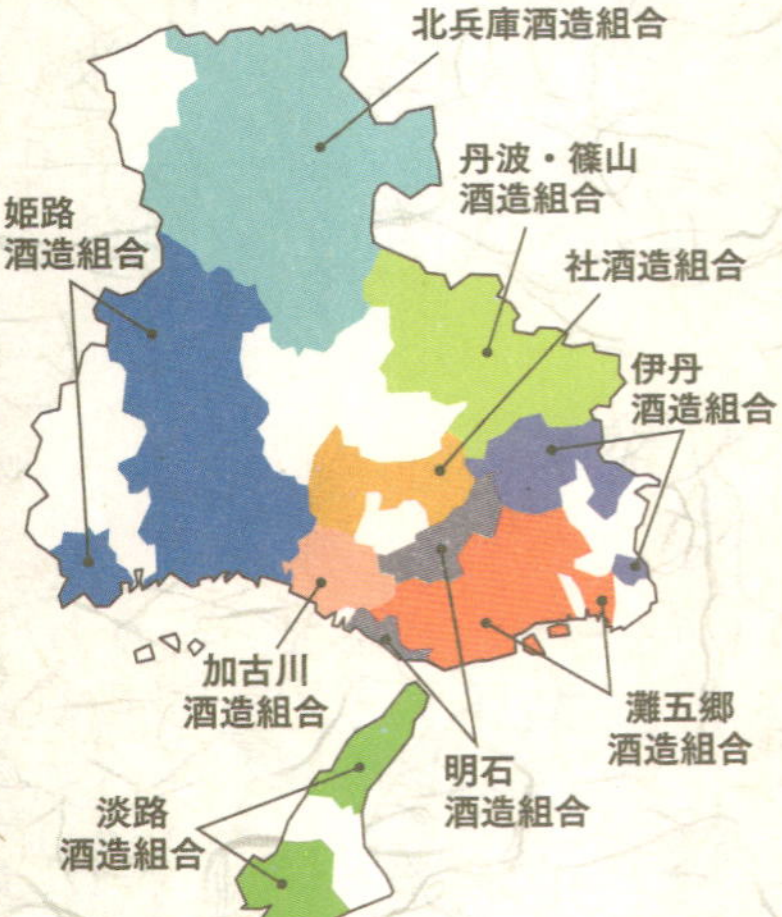

各酒造組合に所属している蔵のある市または町を着色しています

山田錦のふるさと 酒米出荷量も第1位

兵庫県は、酒米出荷量も全国第1位です。平成20年産分の出荷量は約2万４００tで、これは全国の酒米の生産量（約7万６８００t）の約3割に当たります（※2）。

また、兵庫の酒米といえば「山田錦」が有名。山田錦は「山田穂」と「短稈渡船」の人工交配により、六甲山脈の北側にある加東・美嚢地区で生まれた〝酒米の王様〟です。

いまや全国で栽培されている山田錦ですが、兵庫の山田錦の生産量は、全国シェアの約8割にも上ります。

※2：農林水産省統計より

知りたい 灘五郷

灘五郷とはどこを指す?

灘五郷とは「西郷」「御影郷」「魚崎郷」「西宮郷」「今津郷」のことで、神戸市灘区大石から西宮市今津までの約12㎞の海岸線沿いに位置します(次ページの地図参照)。

この一帯には六甲山系から海にそそぐ川が多く流れ(夙川、芦屋川、住吉川、石屋川、都賀川)、これらの急流が海岸に砂州をつくり、良質の水が得やすくなっていたことから、多くの蔵が集まりました。また、六甲山系の急流の落差を利用した水車により、精白度の高い米を得られたことも強みでした。

灘五郷が栄えたそのほかの要因は左の通り。これらすべてがそろっていたことがポイントです。

灘五郷が栄えた要因

- 伏流水「宮水」の存在
- 冬の六甲おろしが寒造りに最適だった
- 海に面しており、消費地・江戸に向けて船で酒を運べた
- 六甲山の北側で作られた良質の播州米が手に入った
- 丹波と距離が近く、丹波杜氏の労働力が得られた

灘酒の味の特徴は?

灘の酒を語るうえで欠かせないのが、江戸期に西宮南部の海岸地帯で発見された伏流水「宮水」の存在です。

宮水は六甲山系の花崗岩を主とした岩盤を流れてくるため鉄分が少なく、リンやカルシウム、カリウムを豊富に含む硬水です。塩分も適度に含まれ、ミネラル分が酵母の発酵を促進させる点が酒造りに適しています。

宮水で仕込んだ灘の酒は、力強いキレが特徴で、軟水で仕込んだ伏見の酒と対比して「灘の男酒、伏見の女酒」ともいわれます。

荒削りな味わいの灘酒ですが、夏の貯蔵熟成を経て、秋になると香味が整い、おいしさを増します。これを「秋晴れ」と呼びます。

こうした魅力を持つ灘の酒は、江戸で「灘の生一本」と呼ばれ、人気を博しました。この言葉の定義には諸説ありますが、中心的な意味は「灘で生まれ育った混じり気のない酒」といったものです。

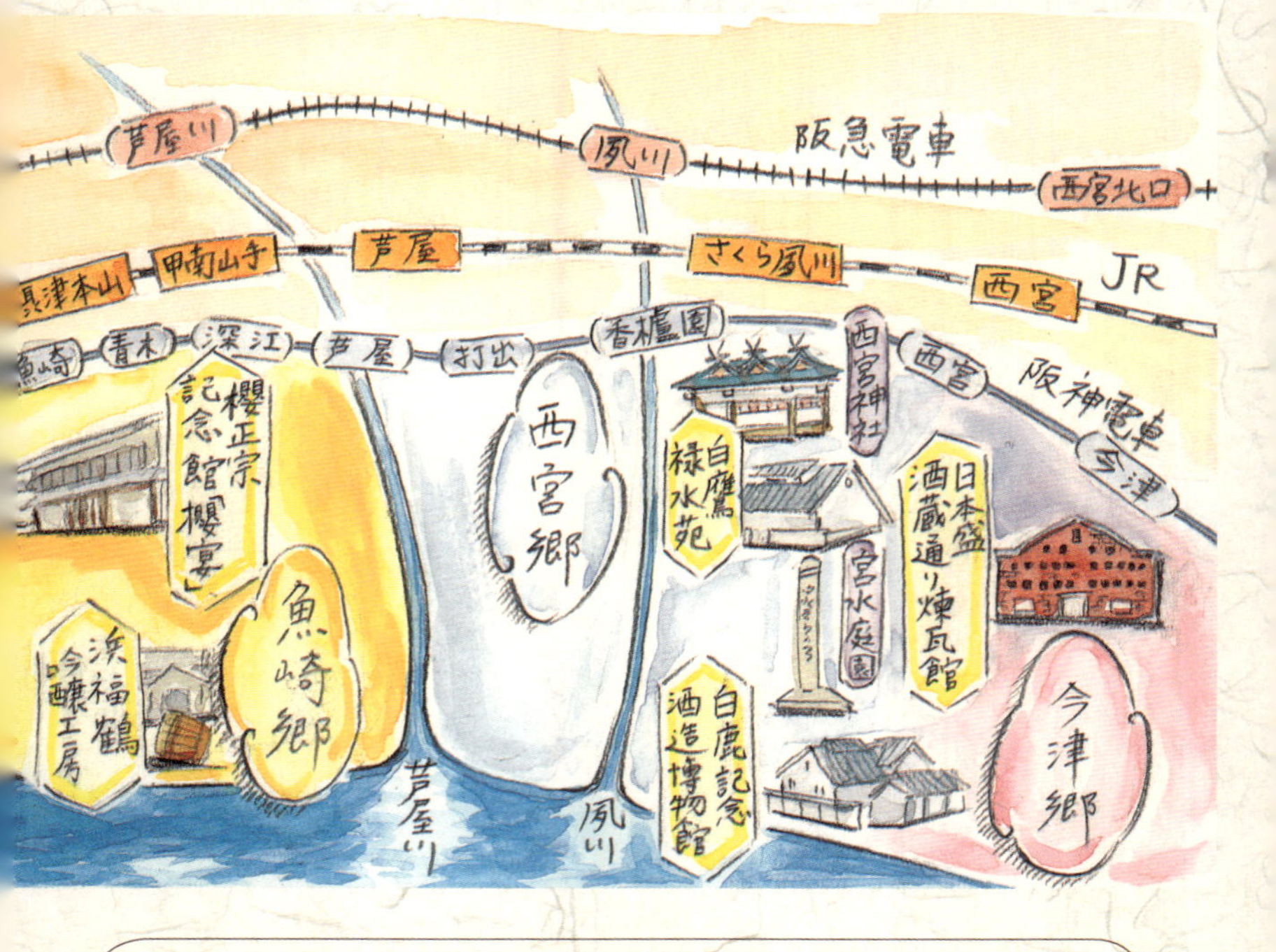

多くの老舗蔵が立ち並ぶ、酒造技術の集積地、灘五郷には、酒にまつわるミュージアムがたくさん！　それらの中には昔の蔵を利用した建物もありますが、灘五郷の木造蔵の多くは太平洋戦争や阪神淡路大震災で失われているため、それらはたいへん貴重です。

大手酒造メーカーの工場から小さな蔵までがひしめく灘五郷は、幾度もの困難をくぐり抜けてきたたくましさを感じられるエリア。現地を訪れ、魅力を体感しませんか？

白鷹　禄水苑

戦前の造り酒屋の生活を伝える展示室ほか、ショップやバーも。
兵庫県西宮市鞍掛町5-1
☎0798-39-0235
ショップ／11:00～19:00
展示室／11:00～18:30
蔵BAR／12:00～16:30（土日祝のみ）
東京竹葉亭西宮店／11:30～14:30（土日祝11:00～15:00）、17:00～21:00
第1・3水曜休、入館無料

酒ミュージアム 白鹿記念酒造博物館

「酒蔵館」では酒造りの道具などを、「記念館」では酒にちなんだ美術品などを展示。
西宮市鞍掛町8-21
☎0798-33-0008
10:00～17:00（入館は16:30まで）
火曜日休（祝日の場合は翌日）、年末年始休、夏期休館あり
入館料／一般400円、小中学生200円（特別展は別料金）

日本盛 酒蔵通り煉瓦館

きき酒コーナーやレストラン、器のショップなどがあり。
西宮市用海町4-28
☎0798-32-2525
10:00～22:00（入館は20:30まで）
レストランは11:30～14:00（土日祝は14:30まで）、17:00～22:00
酒蔵見学（要予約）は月～金10:30～14:30
第2、第3火曜休、年末年始休
入館無料

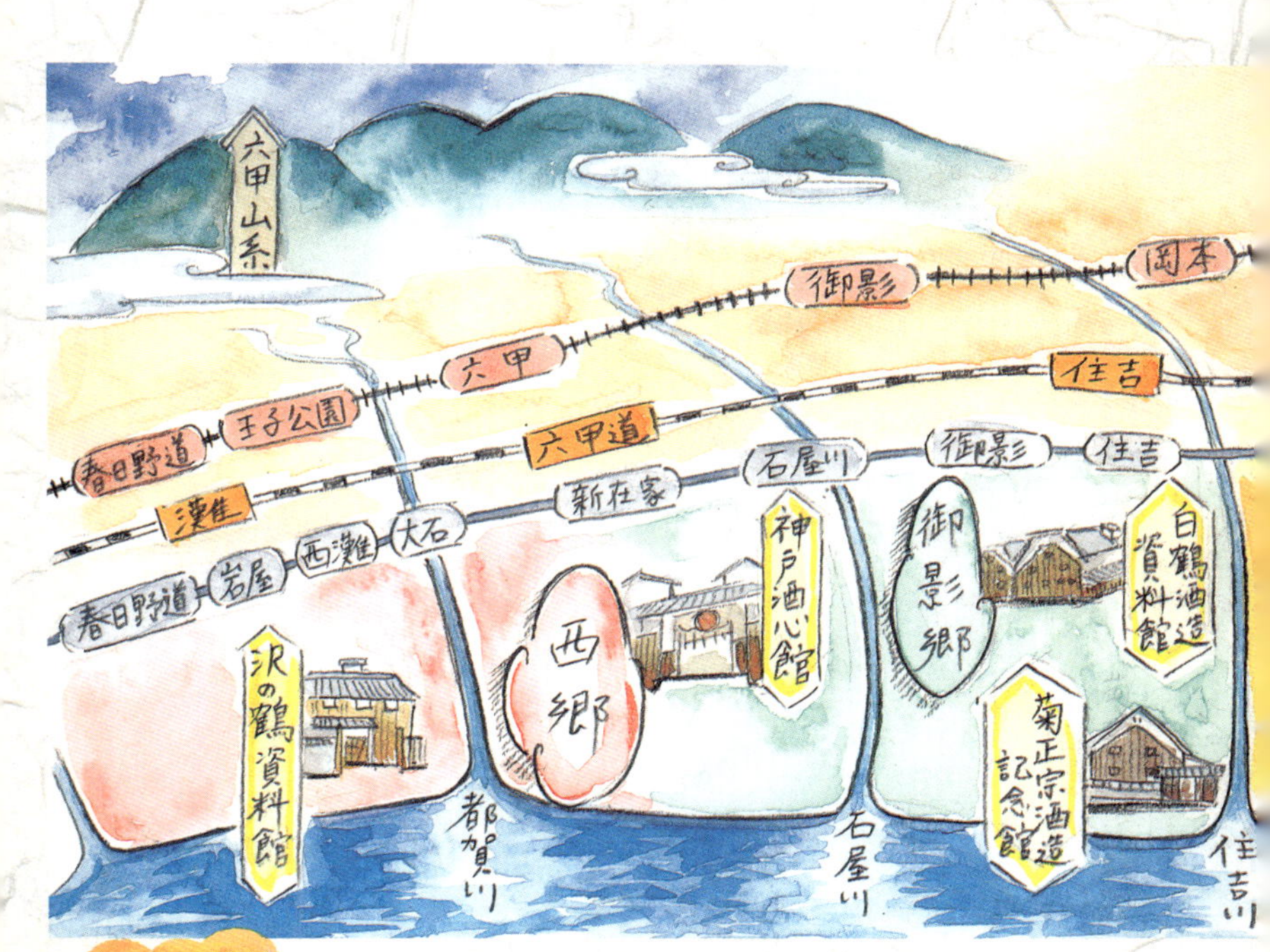

発見いろいろ

灘五郷はミュージアムの宝庫

沢の鶴資料館

蔵を再利用した建物は、県の「重要有形民俗文化財」。全国でも珍しい地下構造の「槽場跡（ふなばあと）」もあり。

神戸市灘区大石南町1丁目29-1
☎078-882-7788
10:00～16:00
水曜日、お盆、年末年始休
入館無料

白鶴酒造資料館

大正初期建造の酒蔵を改築した建物内には、酒造工程などを等身大の人形で再現した展示などがあり。

神戸市東灘区住吉南町4-5-5
☎078-822-8907
9:30～16:30（入館は16:00まで）
年末年始、お盆休
入館無料、要予約

神戸酒心館

醸造工場を含む４つの酒蔵群からなる複合施設。

神戸市東灘区御影塚町1-8-17
☎078-841-1121
東明蔵（酒・食品の販売）10:00～18:00
水明蔵（飲食店舗さかばやし）
11:00～14:30、17:00～22:00
正月休、入館無料

浜福鶴吟醸工房

ガラス越しに酒造りの全工程を見学できる。試飲コーナーや直売コーナーもあり。

東灘区魚崎南町4-4-6
☎078-411-0492
10:00～17:00
月曜休（祝日の場合は翌日）
入館無料

菊正宗酒造記念館

国指定重要有形民俗文化財「灘の酒造用具」などの展示やしぼりたて原酒の試飲あり。

神戸市東灘区魚崎西町1-9-1
☎078-854-1029
9:30～16:30
年末年始休
入館無料、団体は要予約

櫻宴（さくらえん）　櫻正宗記念館

昔の酒造道具の展示のほか、オリジナル酒ラベルが作れるコーナーも。

神戸市東灘区魚崎南町4-3-18
☎078-436-3030
10:00～22:00
ショップ・喫茶は10:00～19:00
レストランは11:30～15:00（LO14:00）、17:00～22:00（LO21:00）
火曜休、入館無料

灘の老舗蔵、再起の物語
よみがえった酒の泉

泉酒造

神戸市東灘区御影塚町1-9-6
☎078-821-5353
店頭販売・試飲あり、蔵見学は不可
「仙介　特別純米無濾過生原酒」（720ml）1361円

ある日本酒の会で出会った「仙介」というお酒。新酒のプチプチ感と、さわやかな余韻。灘で復活した蔵元のお酒だと知った。

その蔵元・泉酒造を訪ねると、若くして取締役となった泉藍さんが出迎えてくださった。

泉さんの母方の実家であった泉酒造は、創業250余年の老舗蔵。先の空襲で蔵を焼失したが、その後再建。しかし、泉さんのお祖父さまにあたる7代目の頃、阪神淡路大震災で、再び蔵を焼失した。震災から10年が過ぎても酒蔵の再建は叶わず、他社のお酒を買って自社ブランドとする〝桶買い〟の経営となっていた。

泉さんは、泉酒造に入社後、酒造りへの関心を深めた。東京の醸造試験所などで必死に学ぶ中、「私が決めないと前に進まない」と蔵の再建を決意。2006年、ついにそれを実現し、2007年には再興して最初のお酒ができた。

新しい銘柄は「仙介」。酒ができる前年に亡くなられた、お祖父さまの名前だという。泉家の当主が代々継いできたその名が、途絶えることなく残るように――。そんな願いも込められている。

深い情熱が成しえた蔵の再建。泉さんは「まだこれから」と笑顔を見せる。酒造りの魅力を次の世代に伝えるべく、未来を見据えて――。

立ち寄りスポット

沢の井

阪神「御影」駅より西約50mの
高架下にあり

こうべ甲南武庫の郷

灘五郷にある奈良漬と本みりんの
お店「甲南漬」本店。
資料館、食事処、イベント広場、
日本庭園などで構成
神戸市東灘区御影塚町4丁目4-8
☎078-842-2508
年末年始のみ休み

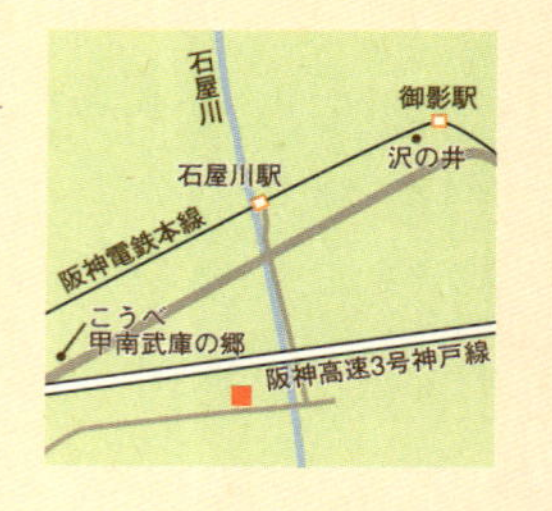

近くの石屋川から海手を眺める
震災にも耐え残った鉄筋の事務所
泉酒造株式会社
10月中旬の仕込みが始まった蔵を特別に見学!
麹味見しますー
じゃ少し…♡
出来上がった麹米はくりか栗香と呼ばれる香りで甘い味がする
杜氏 和氣卓司さん
取締役 泉藍さん
発酵の泡も落ち着いてるでしょ
いい香り〜♡
もうすぐ搾られる醪の タンクから 華やかな香りが 立ち昇る。
沢の井
阪神御影駅近くの高架下にこんこんと湧く霊泉ー
すみれイチオシ!
"仙介 特別純米無濾過生原酒"
フレッシュな口あたり、しっかりした旨味が広がる…

西灘から羽ばたく
家族の手から生まれた酒

西海酒造

明石市魚住町金ヶ崎1350
☎078-936-0467
店頭販売のみ、蔵見学は要予約（3月～11月）
「空の鶴　純米大吟醸」（720ml）2482円

神戸から明石に向かう電車は、いっきに海岸線へと近づいていく。海景色に見とれるうちにJR「大久保」駅に着いた。

神戸の酒どころ・灘に対し、かつて〝西灘〟と呼ばれた明石には61軒もの酒蔵があった。今では6軒となったうちの1軒、徳川吉宗の時代から酒造りを営む西海酒造を訪ねた。

「うちは日本一小さい酒蔵で、日本一の酒を造ってます」と笑う、蔵主の西海浩一郎さん。2014年5月に亡くなられた8代目の跡を継ぎ、初代から受け継いできた〝西海太兵衛〟の名を近々襲名されるということだ（2014年9月時点）。

家族とともに米作りから酒造り、販売にいたるまでを一貫して行ってきた。西海さんは、定年まで工業高校の教師をしながら家業に携わってきたそうで、同じく息子さんも薬剤師を兼業している。これも300年近く続いてきた伝統を家族の手で守り、絶やすまいといった強い使命感からだろう。

代々受け継いできた田んぼでは、レンゲを使った緑肥や米ぬかなどの有機肥料で米作りを行う。原料の工程すべてに手作りの良さがにじむ「空の鶴」をはじめ、葛でできた珍しいお酒「葛根の花」も、健康に良く甘い口当たりが好評を得ている。

ちょうど、息子の英一郎さんが帰って来た。手には、黄金色の稲穂の束。稲刈りを間近に控えた兵庫北錦の様子を見て来たとのこと。土作りから種まきに始まって、今年も無事に収穫の季節を迎えた。

手塩にかけてはぐんだ酒が羽ばたいていくのを前に、西海家の忙しい日々は続く。

立ち寄りスポット

太陽酒造
明石市大久保町江井島789
☎078-946-1153

江井ヶ嶋酒造
明石市大久保町西島919
☎078-946-1001

明石の
豊かな水質は、
灘の"宮水"に対し、
"寺水（てらみず）"と呼ばれた。
蔵にある井戸は
仕込水に使われる
時代とともに、燃料は、
まきから石炭に、
そして灯油へ
変わった—
歴史を語る
レンガの煙突
麹室の壁には
もみがらが
入っていて
温度・湿度を
保っている。
江戸時代の
ままの造り
9代目蔵主
西海浩一郎さん
10代目
英一郎さん
初代が、
鶴に乗り空を
飛ぶ夢を見たことから
命名された。
すみれイチオシ!
"空の鶴
純米大吟醸"
手づくりの
優しさを
味わう…
空の鶴
播磨平野を
彩る田んぼ—
山田錦の稲刈りは
兵庫北錦より、さらに約1カ月先。

山田錦の魅力を強く説く蔵
播州が誇る大吟醸を目指して

本田商店

姫路市網干区高田361-1
☎079-273-0151
店頭販売・試飲あり、蔵見学は要予約（2月～3月上旬）
「龍力　大吟醸　ドラゴン　青ラベル」（720ml ）3000円

JR「姫路」駅で途中下車を楽しんだ後、3駅西の「網干（あぼし）」駅に降り立った。「龍力（たつりき）　米のささやき」と壁面に書かれた白いビルがすぐ見える。「最も駅から近い蔵」と、事前に本田商店専務・本田龍祐さんから伺っていた。

松尾大社のお酒の会で、お会いしたご縁がきっかけで、蔵を訪ねることに。ご自身が展開する龍力「ドラゴン」シリーズは、青・赤・緑など、色でお酒の特徴を明解に示したラベル。颯爽とした本田さんの雰囲気そのものでもあった。

蔵の2階には酒米の稲穂が掲げられ、応接室には全国新酒鑑評会・金賞受賞の賞状が壁一面に並んでいた。酒米へのこだわりについて尋ねると、本田さんの口調はみるみる熱を帯びる。

1975年頃、日本酒の行く先を見据え、3代目の現会長は、いち早く吟醸酒造りに取り組み始めた。その際、酒米の王様「山田錦」の中でも最高級品質のものを生産する特A地区の農家と契約。特A地区の山田錦を100%使ったお酒を数多く取りそろえているのは、本田商店の強みの一つだ。

龍力は、しっかりとしたふくらみのある味とキレ、飲んだときの説得力がすごい。大吟醸の醍醐味を、使命感を持って伝えてきた。

ビルの屋上からは播磨平野が見渡せた。ここは昔からの米どころで、近くを流れる揖保川の伏流水にも恵まれている。祖先に播州杜氏の流れを汲み、代々酒造りに携わってきた――。その頃から培われた探究心は、時代を越え、脈々と受け継がれている。

立ち寄りスポット

ダイセル異人館

姫路市網干区新在家1239
☎079-273-7001
9:00 ～ 17:00
月～金曜（祝日除く）のみ見学可

権兵衛　御幸通店

姫路市綿町122
☎079-288-4626
11:00 ～ 15:00
（売り切れ次第終了）
無休（悪天候時除く）
「権兵衛煮あなご重」1080円

JR網干駅から徒歩約3分
米のささやき
龍力
姫路で途中下車♪
駅からお城までの間にあるみゆき通り商店街へー。
新鮮な海の幸が楽しめる定食屋さん
姫路城
修復中…(2014年9月時点)
権兵衛 御幸通店
ふわふわ穴子が絶品
権兵衛煮あなご重 1,080円
蔵内はエレベーターで上階へ…
麹室の外壁には松尾大社の大木札がずらり
専務・5代目 本田龍祐さん
ドラゴンシリーズは、王道から一歩飛び出たチャレンジのお酒です。
"龍力"の由来
信仰心のあつかった初代が真言宗の始祖、龍樹菩薩にあやかり、また"龍野"の地名にもちなんだといわれるー
社長・4代目 本田眞一郎さん
すみれイチオシ!
"龍力 大吟醸 ドラゴン 青ラベル"
特A地区産山田錦100%使用!
華やかで贅沢な味わいにうっとり…
"うまい酒はうまい米から"
ーと受け継ぐこだわり
"山田錦"
"五百萬石"
"神力"
"山田穂"
"雄町"

老舗蔵で加西の風土に触れる純米酒に込められた願い

富久錦

加西市三口町1048
☎0790-48-2111
蔵併設の「ふく蔵」にて販売・試飲あり。蔵見学は要予約
「純青　山廃純米　無濾過」（720ml）1300円　※2015年9月に販売予定

繊細な飲みごたえの純米大吟醸「瑞福」や、あまりお酒を飲まない友人も気に入ってくれた、果実酒を思わせる風味の「Fu」…。ひらがなの「ふ」の字が笑っているようなロゴが目印の富久錦のお酒に出会うと、かわいらしい〝福〟を見つけたようで嬉しくなる。

蔵元は、播州平野の真ん中に位置する田園地帯にある。蔵を改装したショップ「ふく蔵」の2階のレストランでは、地野菜が多く用いられた、素朴な味わいのランチを味わった。

「〝純粋な食〟を大切にしています。うちは〝純米酒〟蔵ですから」と話すのは、社長兼製造責任者の稲岡敬之さん。

蔵は、1988年に「純米酒宣言」を掲げ、1992年度にはオール純米酒の蔵となった。

お祖父(じい)さまの代には灘にも工場の拠点を広げていたそうだが、大量生産される安価な酒の行く末に疑問を抱き、お父さまの代で酒造りの方針を一変。地元の米と水を生かすことにこだわった。

稲岡さんは、高校時代、蔵の仕事を手伝いながら、毎日観察していた醪(もろみ)の発酵の様子に感動し、酒蔵を継ぐことを決意。

今でも「醪を見るとわくわくする」という稲岡さん。〝蔵の空気〟を楽しみながら、酒造りに携わる。よりいっそう味わい深く、人々に喜びをもたらすお酒になるよう祈りながら—。

立ち寄りスポット

駅舎工房Mon Favori（モン ファボリ）

北条鉄道「法華口」駅内
☎0790-20-7368
10:00 ～ 16:00（売り切れの場合あり）
月曜休（祝日の場合は火曜休）

法華山一乗寺

加西市坂本町821-17
☎0790-48-4000（金堂・納経所）
拝観料要

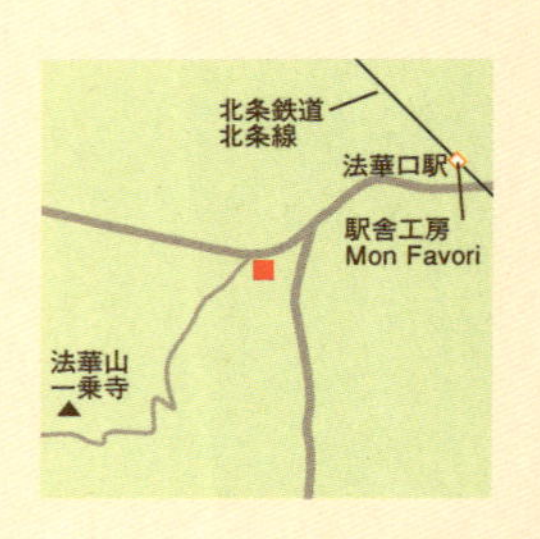

築100年超の酒蔵を
改装した直営店
"ふく蔵"
富久錦
蔵の裏は
川沿いの散歩道
8代目
蔵主
稲岡敬之さん
"蔵の空気—
稲岡さんの
原点…"
"数量限定!
ふく蔵弁当"
2,000円
(税抜)
酒蔵の
粕汁
冬になると、
蔵に入りびたるのが
楽しくて…
季節の
ごはん
食前酒
または食前酢を
選べる♡
生まれたての
瑞々しさ…
すみれ
イチオシ!
"純青
無濾過"
山廃純米
大正生まれの
木造駅舎
北条鉄道
法華口駅
駅舎工房
モン・ファボリ
米粉を使った
パンが並ぶ
パン工房の
北垣美也子さんは
ボランティア
駅長さん!
きまぐれ
駅長サンド
駅長さんは
列車が
見えなく
なるまで
手を振る

かやぶきのふるさとの茜色をした古代米の酒

岡村酒造場

三田市木器340
☎079-569-0004
店頭販売・試飲あり、蔵見学は不可
「純米酒　古代しぼり」（720ml）1559円　※数量限定

三田（さんだ）は山々に囲まれた盆地で、農作物の恵みが豊かな所だ。ＪＲ「三田」駅前からバスに乗って、北部の山間へ向かっていけば、のどかな日本の原風景に出会える。

私が初めて岡村酒造場を訪れたのは、新酒ができる寒い時期だった。かやぶき屋根の玄関先に、青々とした杉玉が掛かっていたのを鮮明に覚えている。まるで昔話の絵本を開いたような景色。

蔵の敷地内の古代室（こだいむろ）では、蔵のお母さんが、ほんのり色づいた赤米の甘酒を手渡してくれた。暖かい歓迎にほっとして、「また、あそこへ帰りたい…」。そんな気持ちが芽生えるたび、足を延ばした。

蔵は、三田の北部に位置する高平谷にある。この地では縄文遺跡も出土していて、古くから人の営みがあった。太古の時代に想いをはせ、蔵では古代米を育てている。

「最初は一握りの赤米やったんです」

そう話すのは、５代目蔵主の岡村隆夫さん。知人にもらった赤米を増やしていき、２年かかってやっとお酒を仕込めたという。

こうして生まれた古代米の酒「古代しぼり」は、米のしっかりとした旨味が広がる。赤米は、米を削らず玄米で仕込まれる。鮮やかな赤い色の秘密は、さらに〝紫紺米〟という米を使うこと。確かに、畑の実りの一角が紫色だ。

岡村さんが杜氏となってからは、家族みんなでお酒を造る。アットホームな空気とのどかな景色。遠方から何度も足を運ぶ人が多いそうだが、それはこの蔵が〝ふるさと〟を感じさせるからだろう。

立ち寄りスポット

興福寺

三田市木器207
☎079-569-0093

木器亭（こうづきてい）

三田市木器289-1
☎079-569-0272
11:30 ～ 19:00、水曜休（祝日の場合は翌日の木曜休）
「（上）お造り定食」（1200円）
「サラダ造り定食」（1000円）

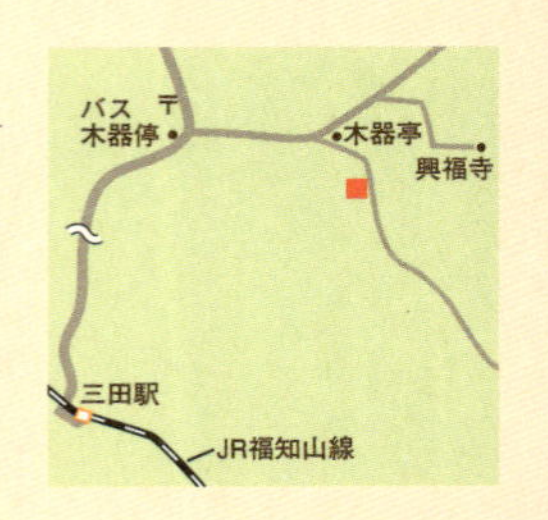

秋の田園風景の向こうに酒蔵を見つける
千鳥正宗
今では、辺りでも数軒となった茅葺屋根の家。
平安時代の和歌にも詠まれた
はつかさん
羽束山
昔の消火道具
木製の水鉄砲
初代からの"家のお守り"
手作りの
古代室
12月上旬頃には中の囲炉裏で赤米の甘酒をいただける
東京農大で醸造を学び蔵を手伝う
四女・理恵さん
赤米は米の原種の野生稲に近いから丈夫に育ちます
蔵主
岡村隆夫さん
すみれイチオシ！
"千鳥正宗 古代しぼり"
華やかでしっかりした味わい
古代しぼり
穂には野生特有の長い毛が生えている
こうづきてい
木器亭
地元で大人気のお食事処へ！
新鮮で美味♡
ふっくら…！ 三田高平米！
田園風景で味わう"お造り定食"

まめコラム⑦

醸造アルコールって？

原料は米やサトウキビなど

醸造アルコールとは、米やサトウキビなどが原料の蒸留酒。蒸留を繰り返し、アルコール度数を高めた、いわゆる甲類焼酎です。

日本酒にアルコール添加（アル添）をする歴史は意外と古く、江戸時代には、日本酒の貯蔵桶に焼酎をかけ、腐敗しにくい酒を造ることに役立てていました(柱焼酎)。

現在、アル添は醪(もろみ)造りの最終段階、搾りの数日前に行われます。特定名称酒（8ページ参照）のうち、本醸造酒や「純米」と付かない吟醸酒には、醸造アルコールが原料に含まれています。

酒造技術の一つ

本醸造を含め、精白度の高い吟醸酒や大吟醸と呼ばれる日本酒にもあえてアル添する理由は何でしょう?

日本酒の香り（吟醸香）は醪を搾った後の酒粕にも多く含まれます。吟醸香はアルコールに溶けやすいことから、搾りの数日前にアル添することで、香りと味を効果的に酒本体に取り込みます。

結果として風味が良く、淡麗できりっと引き締まった味わいの酒になります。量やタイミングも工夫することで独特の風味を表現できる、日本酒造りの技術の一つです。

アル添への誤解も

戦後、米不足の時期に「三増酒」と呼ばれる質の悪い日本酒が出回りました。酒質を無視した増量目的でのアル添は日本酒のイメージを低下させました。

現在でも製造コストを下げるため、使用制限量ぎりぎりのアル添をした日本酒もないわけではありませんが、アル添しているだけで、頭ごなしに敬遠するのはいかがなものでしょう。醸造用アルコールを効果的に使用した銘酒も数あることをお忘れなく。

蔵さんぽ 和歌山編

城下町で誇れる美酒を造る 杜氏見習いの女性の決意

田端酒造

和歌山市木広町5-2-15
☎073-424-7121
店頭販売のみ、蔵見学は不可
「さとこのお酒」（720ml）1600円

JR「和歌山」駅前は、思った以上に都会の風貌をしていた。

名残の桜に彩られた和歌山城のお堀の中には、いくつもの花見屋台。それを目当てに、親子連れや、昼休み中とおぼしきサラリーマンが訪れている。地元の人々が憩うには、何より贅沢な場所だ。

お城の天守閣へ、壮大な眺めを楽しみに登った。豊かな街が広がる。かつてこの城下町には、お殿様をうならせるお酒が、どれほどたくさん運ばれて来たのだろうか…。

和歌山市内にある酒造会社の中でも古い歴史をもつのは、1851年に紀州藩から「酒株（※）」の許可を受け、創業したという田端酒造。幕末の時代を越え、現代まで受け継がれた蔵元には、杜氏を目指して酒造りに励む女性がいる。現6代目蔵主・長谷川香代さんの娘、聡子さんだ。

「聡子は、有名な酒どころに負けない、誇れる地酒を和歌山で造りたいと、現在の道を選んだのです」と香代さん。女性が造りに携わるのは、この蔵では初めてのことだった。

杜氏見習いとなって4年目のとき、聡子さんは初めてお酒を仕込んだ。

すべての原料を和歌山産にこだわった「さとこのお酒」。一口飲むと、その優しい味わいに、ほっとする。

娘のことを、誇らしげな笑顔で話す香代さん。蔵に吹く風が優しく感じられた。

※酒株：江戸幕府が行った、醸造業の認可制度。酒造りを認められた蔵には木製の鑑札が配られた

立ち寄りスポット

和歌山城

和歌山市一番丁3
☎073-422-8979
天守閣は入場料要

麺屋　醤ーひしおー

和歌山市卜半町45
☎073-423-6330
11:00～14:30、17:30～24:00
不定休
「紀州湯浅吟醸醤油ラーメン」620円
「紀州ばら寿司セット」850円

和歌山城
徳川御三家の一つ紀州徳川家の居城
天守閣からの眺望ー
海へとつながる紀ノ川の河口
にぎやかな市街地
別名"とらふす虎伏城"
お城を含め、山全体が虎の伏せる姿に見えたことから…
麺屋ひしお
紀州湯浅吟醸醤油ラーメン
コクのある旨さ…
グルメ紀行な和歌山ラーメン
田端酒造
聡子さんを見守る…
6代目蔵王
母・長谷川香代さん
杜氏・山本浩伸さん
すみれイチオシ！
"さとこのお酒"
すっきり飲みやすい♡
純米吟醸
技師・聡子さん
さとこのお酒
羅生門
大東一

紀州漆器で栄えた街・黒江
歴史の深みが銘酒に宿る

名手酒造店

海南市黒江846
☎073-482-0005
「黒牛茶屋」にて販売・試飲あり、蔵見学は不可
「黒牛　純米吟醸」（720ml）1529円

　JR紀勢本線「黒江」駅から、ゆるやかな丘陵地を歩いていくと、趣ある古い町並みが広がった。

　出会った人々は、まるで海南の空みたいに、おおらかで温かい。私は、たちまちこの街が好きになった。

　室町時代から職人たちが住む街として栄え、江戸時代には、漆器の生産地として全国にもその名を知らしめた黒江。家々の前には、大きな桶などの道具が大切に飾られていた。

　また、黒江は万葉集にも詠まれた名勝地である。この辺りは、かつて入江で、黒牛のような岩が見えたことから、「黒牛潟（くろうしがた）」と呼ばれたという。それなら、高い所から眺めてみようと、高台を目指した。

　丘の上にある中言（なかごと）神社からは、街を一望できた。淡い山桜に彩られた山々。黒牛の石像が、つぶらな瞳で空を見上げていた。

　再び、丘を下っていくと、風格のあるお屋敷に、煙突が立っているのが見えた。銘酒「黒牛」の蔵元、名手酒造だ。

「黒牛茶屋」と書かれた看板を見つけて、立ち寄った。お昼過ぎの店内には、喫茶でくつろぐお客さんもちらほら。さっそく私も、名手酒造のきき酒を楽しむことに。

　古い酒樽のカウンターで、女性の店員さんに尋ねると、とても親切に答えてくれた。聞けば大の日本酒好き。そんな〝日本酒ガール〟と意気投合して、まずは、おススメの純米吟醸をいただく。冷え冷えの一口が、日差しで火照った体に、染み入るよう。思わず、「うんまい！」。

　まるで、この土地を飲み干したかのように、それはそれは、深い味わいだった。

立ち寄りスポット

中言神社

海南市黒江933
☎073-482-1199

紀州漆器伝統産業会館「うるわし館」

紀州漆器の展示・販売などを実施。土日には職人による実演もあり
海南市船尾222
☎073-482-0322
10:00〜16:30
第2日曜、お盆・年末年始休

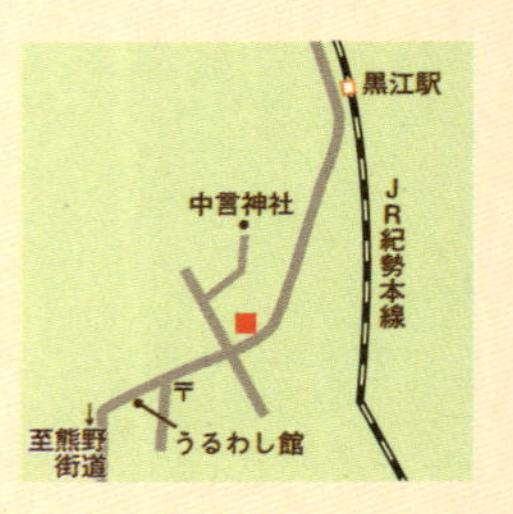

中言神社
いにしへに
妹と我が見し
ぬばたまの
黒牛潟を
見れば
寂しも
"万葉集"より
黒牛の水
名手酒造の
仕込み水と
同じ水脈
紀州漆器の里
黒江
職人の街の
趣が漂う
漆をかくはんする
"くろめ鉢"
家屋が
のこぎりの
歯状に
並んでいる
名手酒造
黒牛茶屋
すみれ
イチオシ！
"黒牛純米
吟醸"
きき酒
一掴
黒牛
梅酒
黒牛
すっきりとした、
まさに
美酒。

紀州の太陽照らす田園の蔵で若人らが醸す、喜びの酒

平和酒造

海南市溝ノ口119
☎073-487-0189
店頭販売のみ、蔵見学は不可
「紀土―KID―純米酒」（720ml）900円

ＪＲ紀勢本線「海南」駅前から、地元を走る「オレンジバス」に乗り込んで揺られること約30分。のどかな田園風景のむこうに、お酒の貯蔵タンクが並んでいるのが見える。

訪れたのは、平和酒造。涼やかな笑顔とともに現れた、専務・山本典正さんが「あのタンクでは、梅酒が熟成中なんですよ」と教えてくれた。

蔵の創業は昭和初期。当時は屋号で呼ばれていた。「平和酒造」という現在の名前は、戦時中の中断を経て、戦後、酒造りを再開できるようになった際に付けられたという。その喜びを忘れないという決意と、未来への願い。そんな想いが込められている。

蔵の敷地にある田んぼに、案内してもらった。今は、レンゲの花が咲いているこの場所で、数カ月後には、酒米の田植えが行われる。地元の果樹園では、梅酒用の梅も栽培しているとのこと。

初夏には蛍が飛び、カエルの大合唱が響くという環境の中で、ほとんどが20代という社員たちが働いている。近年では、「同年代の人たちにも日本酒の魅力を知ってほしい」と、全国の若手蔵主らと集結して、イベントを意欲的に企画している。

土に触れ、人に触れながら日々成長する、たくましい若人の集団から、銘酒「紀土―ＫＩＤ―」は生まれた。その味は、初めて日本酒を飲む人にも、すがすがしい笑顔をもたらしてくれるだろう。

立ち寄りスポット

藤白神社

和歌山県海南市藤白466
☎073-482-1123

3時のかんぶつ屋さん

海南市藤白189-1
☎073-482-3424
11:00～18:00
（土曜10:00～17:00）、日・月曜休
「かんぶつシフォン　ひじき」
（1切れ240円）
「かんぶつプリン」
（白ごま・黒ごま各180円）

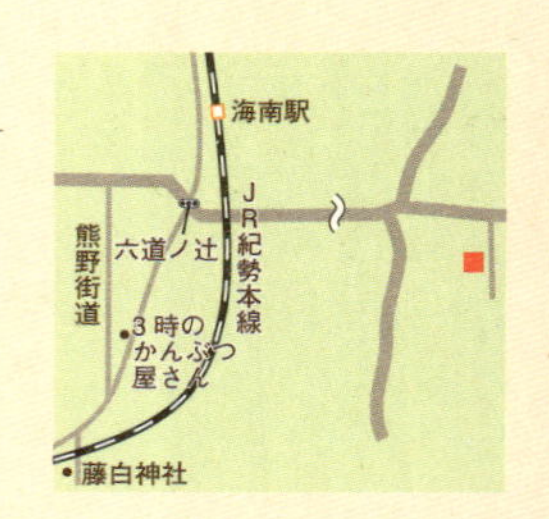

3時のかんぶつ屋さん
オリジナルの手づくりスイーツがおいしい乾物店！
看板キャラクターかんぶっちゃん
キュート♡
濃厚とろり…
白ごまのプリン
ふわふわ
ひじき入りのシフォンケーキ
ひじき
藤白神社
熊野古道沿いにある神社
見事な大楠ー
地元の酒蔵にも使われているという清水
井泉 紫の水
海南てくてく歩き
平和酒造
専務 山本典正さん
日本酒は"スローフード"ゆっくり味わって豊かなひとときをー
"KID"の由来ー若い世代に飲んでもらいたいという想いからー。
"紀土 KID 純米酒"
すみれイチオシ!!
優しい味わいと香り…
紀土
若い蔵人たちの笑顔
さんさんとお日さまを浴びる梅酒のタンク
中学校の体育館を再利用した冷蔵倉庫

紀ノ川の桃源郷で出会った高野の知恵のひとしずく

初桜酒造

伊都郡かつらぎ町中飯降85
☎0736-22-0005
店頭販売のみ、蔵見学は要予約
「高野山般若湯徳利（原酒）」（720ml）2300円

以前、高野山の宿坊に泊まった折、僧侶の方から「般若湯」という言葉を教わった。

般若湯とは、お酒のこと。おおっぴらにお酒を飲めないお寺では、仏教用語で「知恵」を意味する〝般若〟という隠語が使われていたそうだ。そして、その名を冠したお酒が「初桜酒造」という蔵で造られていることも、このときに知った。

蔵元を訪ねると、社長の笠勝清人さんが、造りを終えた蔵の中を案内してくださった。屋内は、洞窟のように奥へと広がっていて、外の陽気がうそのように、ひんやりと涼しい。蔵の裏口へまわると、紀ノ川が悠々と流れていた。

「私が小さい頃は、まだ筏が流れていたよ」と、笠勝さん。かつてここには、たくさんの積み荷が運び込まれていた。江戸時代後期、川を下って和歌山城へと運ばれたお酒は「川上酒」としてもてはやされた。しかし、当時は30軒ほどあった上流の蔵も、現在は初桜酒造だけになった。

母家の玄関前で、御年90歳を超えるというお母さまに出会った。着物をしゃんと着こなしておられる姿が、柳が揺れる大和街道の風情と相まって、とても素敵だった。

高野山では、「塩酒一杯、これを許す（※）」と弘法大師が認めたという酒の恩恵。その秘密に触れたような、心温まる出会いだった。

※塩酒一杯、これを許す…「高野山での厳しい寒さをしのぐため、ほんの少しなら飲酒を認めよう」という意味。「酒を飲むなら、比叡山を去れ」という最澄の言葉と、しばしば対比される

立ち寄りスポット

丹生酒殿神社
伊都郡かつらぎ町三谷631
☎0736-22-3146

城山神社
伊都郡かつらぎ町中飯降461
☎0736-54-2754

果樹園が広がる里
桃の花が盛り
丹生酒殿神社
祭神 丹生都比売命が
にうつひめのみこと
紀ノ川の水で
お酒を醸したことに
由来する
遠くに高野山…
登録有形文化財の
蔵と母屋
初桜酒造
蔵の裏には
雄大な紀ノ川と
情緒ある
大和街道ー
優しい笑顔の
ふたりー
社長
笠勝清人さん
素敵な
お母様
すみれイチオシ！
熱燗で
ちびちびと…
徳利が
しぶいネ！
高野山
般若湯

〝箍〟とは桶を固定する竹の輪。大桶では長さ約17mの竹が必要となり、割られた竹を編みながら締めるのは重労働。竹には虫が寄り付かない〝切り旬〟という時期があり、それを誤らないことも重要。これを専門に扱う「輪竹業」も、桶屋にとって欠かせない存在だ

桶屋さんを探して

ある蔵での取材のこと。酒を仕込む古い大桶を前にして、「桶での仕込みは手間ひまかかるが、これでないとうちの味にならん」と話す蔵元さんの姿が印象に残った。容器自体が呼吸をする木桶での仕込みは、長年の実感として確実に酒の味に力強さや個性をもたらしてくれるということだった。

また、和歌山県にある酒蔵の資料館を訪ねた際には、展示用の桶の修繕場面にも出くわした。大阪から来たという若い職人さんが、桶の箍を直していた。

こうした出来事に興味をひかれ、酒を仕込む桶についていろいろと調べる中で、大阪府堺市の「藤井製桶所」の存在を知った。20石、30石の大きな木桶を作れるのは全国ではここだけと聞き、取材を申し込んだ。

「藤井製桶所」には、全国の蔵から譲り受けた道具が並ぶ。酒母や醪を混ぜる櫂や、酒母の温度を上げるのに使われる暖気樽など、種類はさまざま。いずれも各蔵の杜氏の指示で作られているため、「規格サイズ」はない。寸法を測るためのサンプルとして残されている

上芝さんとの出会い

迎えてくださったのは、3代目の上芝雄史さん。「最近は、取材を断ってたんやけどね…」と話されていた。

これまでは、桶の注文や桶職人の数が減り続けている現状を食い止めたいと多くの取材を受けていたそうだが、やはり桶作りに専念しようと考えておられたとのこと。にもかかわらず、機会を与えてくださったのは、「桶を知りたい」という声に応えようという、職人としての誠実さからではないか。取材当日、丁寧に教えてくださる姿にそう感じた。

桶作りの際、最も重要な〝正直台〟での作業。大きな鉋に桶の側面にあたる〝側板〟を載せ、削っていく。下がすぼんだ桶の形にするには、組まれた曲面がすき間なくつながるよう角度をつける。竹釘だけで組み、接着剤を用いないため、精巧さが必要だ

桶師の誇り

工場内を見せてもらうと、最初に目に飛び込んできたのは、人の背丈ほどもある真新しい桶。削りたての木屑が、辺りに木の香を漂わせていた。

酒の仕込桶は3～5人の職人が1組となり、最初から最後まで仕上げるという。木の切り出しにも立ち合い、「甲付」というアルコールの逃げにくい部分がうまく採れるよう指示するのも桶職人の仕事だ。

木桶の寿命の長さにも驚いた。酒の仕込桶は20～30年でアルコールの蒸発を防ぐ木の油分が抜け役目を終えるが、その後は醤油・味噌屋で100年以上使われる。塩分が桶を長持ちさせるらしい。

桶の一生はまだ続く。桶屋で解体され、使える部分を〝いいとこどり〟し、今度は小さな桶になる。桶職人は、木の命を生かしきる技を究めていた。

現在使う道具・工具の形は、江戸時代中期の技術発展によって確立された。今では、この工具を作れる職人もほとんどなく、自らメンテナンスを行う

今こそ、桶を知る時

しかし1950年代以降、木桶は衛生管理などがしやすいホーロータンクに取って替わられるようになる。「産業は、需要がなくなった時点で消えていく」という上芝さんの言葉に、どきりとさせられた。

旅館などで使われる風呂桶や、時代劇に出てくる手桶…。身近な存在だと思い込んでいたが、桶を日常で使うことは、実は多くない。モノがあふれた生活の中で、失いかけていたものに気付かされた。

しかし、私には、失われていいとは思えない。実際、木桶仕込を見直す動きもある。「先々代の味を再現したい」と上芝さんを訪ねてくる若い蔵人もいるそうだ。

先人の知恵は、未来の蔵人らを喜ばせる──。私は、強くそう信じている。

一つひとつに思い出あり

私のおちょコレ

そのときの気分やお酒の味に合わせ、器を使い分けるのも楽しいもの。私が集めているおちょこのコレクションを一部ご紹介します。

旅先の高知で購入
酒豪のためのおちょこ!?
底が円すい形
手を離すと穴からお酒が…
飲み干すまで置けない!
山口の萩焼き
糸尻の切り込みも特徴
淡雪のような風合い
口あたりもまろやか♡
お酌をするとき…
一、相手のペースに合わせ、無理強いしない。
一、おちょこ七、八分目まで注ぐ。
お酌を受けるとき…
一、両手でおちょこを持って、お酌を受ける。
一、お酌されたら、一度、口をつけてから置く
差しつ差されつ…にも礼儀あり!

お酒がおいしい

とっておきのいい店

こだわりの日本酒がそろっていて、おいしい料理も楽しめる、イチオシのお店を紹介します。

んまい

京都市中京区烏丸通六角東入ルイヌイビル1F
地下鉄「四条」駅・阪急「烏丸」駅から徒歩約7分
☎075-255-1406
17:00 ～ 2:00、不定休

遊亀　祇園

京都市東山区祇園富永町111-1（切通角）
京阪「祇園四条」駅から徒歩約5分
☎075-525-2666
17:00 ～ 23:00（土・祝前日は24:00まで）、日祝休

ダイニング　仁

京都市伏見区今町669-1
近鉄「桃山御陵前」駅・京阪「伏見桃山」駅から徒歩約5分
☎075-622-6265
17:00 ～ 24:00（日祝は22:00まで）、月曜休（月曜祝日の場合は翌日休）

さかぶくろ

京都市中京区壬生仙念町10-5
B1F
阪急「西院」駅から徒歩約5分
☎075-354-6676
11:30 ～ 14:00（月・火・木～土）
17:00 ～ 24:00、日曜休

なら泉勇斎

奈良県奈良市西寺林町22
近鉄「奈良」駅から徒歩約8分、JR「奈良」駅から徒歩約10分
☎0742-26-6078
11:00 ～ 20:00、木曜休

酒商・のより　奈良三条店

奈良市角振町23　中室ビル1F
近鉄「奈良」駅から徒歩約5分、JR「奈良」駅から約10分
☎0742-24-5608
9:00 ～ 21:00、日曜休

佳酒真楽　まゆのあな
地酒とお料理、
旬を味わう至福のひととき♡
びっしりと全国の銘酒が書かれた日替りメニュー
お店を切り盛りする日本酒ガールたち!!
大阪市中央区南船場1-9-23
地下鉄「長堀橋」駅より徒歩約5分
☎06-6268-2005
17:00 ～ 23:00（22:00 LO）、日祝休
おまけ♡
初めての…
ドキドキ
角打ち体験
京都の飲んべえには有名なお店にて
かくうち
角打ちとは…
酒屋さんで立ち飲みをすること。
カオスや…
ほ〜
やっぱりこれやで〜
肴にと渡された魚肉ソーセージ

冷酒から熱燗まで

温度で楽しむ日本酒

日本酒は「冷酒・常温・燗」と幅広い温度で楽しめる、世界でも珍しい酒。香り、味、飲み心地の変化を楽しもう。

温め具合で繊細な変化が

日本酒は、冷やし具合・温め具合によって香りや味わいは微妙に変化します。

そして「花冷え」「涼冷え」「日向燗」など、温度の違いによって風流な呼び名が。さらりと使い分けられるとステキですね。

呼称	温度	味の特徴
花冷え	10℃前後	酸味が引き締まり、香りが徐々に開く
涼(すず)冷え	15℃前後	香りは華やかに、とろみのある飲み口
冷や（常温）	20℃前後	香りは柔らかく、ソフトな味わい
日向(ひなた)燗	30℃前後	香りが引き立ち、滑らかな味わい
人肌燗	35℃前後	米・麹の香りが立ち、さらっとした味わい
ぬる燗	40℃前後	香りが強くなり、ふくらみのある味わい
上(じょう)燗	45℃前後	香り・味が引き締まり、キリッとした飲み口
あつ燗	50℃前後	香りはシャープに、キレのよい味わい
とびきり燗	55℃以上	香りが強まり、辛口に

燗酒で「家飲み」を楽しむ

日本酒を温めるだけの燗酒は、自宅でも手軽に楽しめます。少し手間はかかるけれど、おすすめは湯せんです。

●湯せん…日本酒を入れた徳利やちろりをお湯の中に入れ、熱を間接的に加える方法。酒全体がゆっくりと温められ、風味を損なうことなく旨味を引き出せます。酒器ごと温めるので、酒が冷めにくいのも利点です。

1 深めの鍋に、徳利の首が浸かる位置まで水を入れて火にかける

2 お湯が沸いたら火を消し、酒の入った徳利を浸ける。お湯の適温は80℃くらい。沸騰した湯に浸けると酒の辛みが強くなる

3 徳利の酒を、好みの温度になるまで温める。温度計がない場合は、徳利の底を手でさわれるくらいが目安

●電子レンジ…徳利の形状・厚みなどによって仕上がり具合にばらつきがあるので、まずは水を入れた徳利で好みの温め具合を確認しましょう。目安は徳利1本（1合）で約45秒前後。

●直火燗…やかんなどに日本酒を入れ、直接火にかけ温める方法。多量の酒を一番早くお燗できる反面、高温になりやすいため、加熱中は目を離さないように。

どれだけ知ってる？ どこから訪ねる？

関西の酒蔵リスト

蔵見学に対応しているところや、お酒が買えるところを中心に紹介しています。
あなたの酒蔵探訪に役立ててください。

★蔵見学を希望する場合は必ずアポイントをとること
蔵見学が○の場合も、繁忙期、曜日、時間帯、人数によっては受け入れ不可能な場合があることをご理解ください。また蔵によっては有料の場合もあります。事前にHPなどをチェックしておきましょう。
★ドライバーはきき酒禁止
ほんのわずかなきき酒でも違法（酒気帯び運転）となる可能性があります。きき酒などを希望する場合はハンドルキーパーを決めるか、公共交通機関で。
※掲載許可のあった蔵のみ紹介しています。また一部、誌面の都合により掲載できなかった蔵もあります。

○※は近隣の直売所等で販売

京都府

蔵名	住所	問い合わせ	蔵での販売	蔵見学
北川本家	京都市伏見区村上町370-6	075-611-1271	○	×
キンシ正宗	京都市伏見区新町11丁目337-1	075-611-5201	○	○
齋藤酒造	京都市伏見区横大路三栖山城屋敷町105	075-611-2124	○	○
招徳酒造	京都市伏見区舞台町16	075-611-0296	○	○
玉乃光酒造	京都市伏見区東堺町545-2	075-611-5000	○	×
豊澤本店	京都市伏見区南寝小屋町59	075-601-5341	△	×
藤岡酒造	京都市伏見区今町672-1	075-611-4666	P16	
増田徳兵衛商店	京都市伏見区下鳥羽長田町135	075-611-5151	P18	
松本酒造	京都市伏見区横大路三栖大黒町7	075-611-1238	P20	
都鶴酒造	京都市伏見区御駕籠町151	075-601-5301	×	×
山本本家	京都市伏見区上油掛町36-1	075-611-0211	○※	×
佐々木酒造	京都市上京区日暮通椹木町下ル北伊勢屋町727	075-841-8106	○	○
松井酒造	京都市左京区吉田河原町1-6	075-771-0246	○	○
羽田酒造	京都市右京区京北周山町下台20	075-852-0080	P24	
城陽酒造	城陽市奈島久保野34-1	0774-52-0003	○	○
大石酒造	亀岡市稗田野町佐伯垣内亦13	0771-22-0632	○	○
丹山酒造	亀岡市横町7	0771-22-0066	○	○
木下酒造	京丹後市久美浜町甲山1512	0772-82-0071	P26	
熊野酒造	京丹後市久美浜町45-1	0772-82-0019	○	○
竹野酒造	京丹後市弥栄町溝谷3622-1	0772-65-2021	P28	

京都府

蔵名	住所	問い合わせ	蔵での販売	蔵見学
白杉酒造	京丹後市大宮町周枳954	0772-64-2101	○	○
永雄酒造	京丹後市丹後町中浜643	0772-76-0002	○	×
吉岡酒造場	京丹後市弥栄町溝谷1139	0772-65-2020	○	×
ハクレイ酒造	宮津市由良949	0772-26-0001	○	○
与謝娘酒造	与謝郡与謝野町字与謝2-2	0772-42-2834	○	○
谷口酒造	与謝郡与謝野町字与謝70-2	0772-42-2018	○	×
向井酒造	与謝郡伊根町字平田67	0772-32-0003	P30	
池田酒造	舞鶴市字中山32	0773-82-0005	○	×
長老	船井郡京丹波町本庄ノオテ5	0771-84-0018	○	○
東和酒造	福知山市字上野115	0773-35-0008	○	○
若宮酒造	綾部市味方町薬師前4	0773-42-0268	○	○

滋賀県

蔵名	住所	問い合わせ	蔵での販売	蔵見学
平井商店	大津市中央1丁目2-33	077-522-1277	○	○
月の里酒造	大津市石山寺3丁目29-9	077-537-0007	○	×
波乃音酒造	大津市本堅田1丁目7番16号	077-573-0002	P34	
太田酒造	草津市草津3丁目10-37	077-562-1105	○	○
古川酒造	草津市矢倉1丁目3-33	077-562-2116	○	○
藤本酒造	甲賀市水口町伴中山696	0748-62-0410	○	○
美冨久酒造	甲賀市水口町西林口3-2	0748-62-1113	○	○
笑四季(えみしき)酒造	甲賀市水口町本町1丁目7-8	0748-62-0007	○	×
安井利彦酒造場	甲賀市土山町徳原225	0748-67-0027	○	○
滋賀酒造	甲賀市水口町三大寺39	0748-62-2001	○※	×
田中酒造	甲賀市甲賀町大原市場474	0748-88-2023	○※	○
瀬古酒造	甲賀市甲賀町上野1807	0748-88-2102	○	○
望月酒造	甲賀市甲賀町毛枚1158	0748-88-2020	○	×
竹内酒造	湖南市石部町石部中央1丁目6-5	0748-77-2001	○	2/11のみ
北島酒造	湖南市針756	0748-72-0012	P36	
畑酒造	東近江市小脇町1410	0748-22-0332	P38	
増本藤兵衛酒造場	東近江市神郷1019	0748-42-0129	○※	×

	蔵名	住所	問い合わせ	蔵での販売	蔵見学
滋賀県	喜多酒造	東近江市池田町1129	0748-22-2505	○	○
	中澤酒造	東近江市五個荘小幡町570	0748-48-2054	○	×
	多賀	犬上郡多賀町中川原102	0749-48-0134	○	×
	藤居本家	愛知郡愛荘町長野1769	0749-42-2080	○	○
	岡村本家	犬上郡豊郷町吉田100	0749-35-2538	P40	
	山路酒造	長浜市木之本町木之本990	0749-82-3037	○	×
	冨田酒造	長浜市木之本町木之本1107	0749-82-2013	P42	
	吉田酒造	高島市マキノ町海津2292	0740-28-0014	○	○
	池本酒造	高島市今津町今津221	0740-22-2112	○	×
	川島酒造	高島市新旭町旭83	0740-25-2202	○	○
	福井弥平商店	高島市勝野1387-1	0740-36-1011	P44	
	上原酒造	高島市新旭町太田1524	0740-25-2075	P46	

	蔵名	住所	問い合わせ	蔵での販売	蔵見学
奈良県	今西清兵衛商店	奈良市福智院町24-1	0742-23-2255	P52	
	八木酒造	奈良市高畑町915	0742-26-2300	○	○
	奈良豊澤酒造	奈良市今市町405	0742-61-7636	○	○
	倉本酒造	奈良市都祁吐山町2501	0743-82-0008	○	○
	上田酒造	生駒市壱分町866-1	0743-77-8122	○	○
	菊司醸造	生駒市小瀬町555	0743-77-8005	○	×
	稲田酒造	天理市三島町379	0743-62-0040	○	○
	増田酒造	天理市岩屋町42	0743-65-0002	○	○
	中谷酒造	大和郡山市番条町561	0743-56-2296	○	○
	喜多酒造	橿原市御坊町8	0744-22-2419	P54	
	河合酒造	橿原市今井町1-7-8	0744-22-2154	○	○
	澤田酒造	香芝市五位堂6-167	0745-78-1221	○	×
	大倉本家	香芝市鎌田692	0745-52-2018	P56	
	梅乃宿酒造	葛城市東室27	0745-69-2121	○	○
	油長(ゆうちょう)酒造	御所市中本町1160	0745-62-2047	×	×
	葛城酒造	御所市名柄347-2	0745-66-1141	○	×

奈良県

蔵名	住所	問い合わせ	蔵での販売	蔵見学
山本本家	五條市五條1-2-19	0747-22-1331	○	○
五條酒造	五條市今井1-1-31	0747-22-2079	○	○
今西酒造	桜井市三輪510	0744-42-6022	P58	
西内酒造	桜井市下3	0744-42-2284	○	○
芳村酒造	宇陀市大宇陀万六1797	0745-83-2231	○	○
久保本家酒造	宇陀市大宇陀出新1834	0745-83-0036	○	×
長龍酒造	北葛城郡広陵町南4	0745-56-2026	○	○
北村酒造	吉野郡吉野町上市172-1	0746-32-2020	○	○
北岡本店	吉野郡吉野町上市61	0746-32-2777	○	○
美吉野醸造	吉野郡吉野町六田1238-1	0746-32-3639	P60	
藤村酒造	吉野郡下市町下市154	0747-52-2538	○	×

大阪府

蔵名	住所	問い合わせ	蔵での販売	蔵見学
秋鹿酒造	豊能郡能勢町倉垣1007	072-737-0013	P72	
中尾酒造	茨木市宿久庄5-32-12	072-643-2226	○	○
寿酒造	高槻市富田町3-26-12	072-696-0003	○	○
清鶴酒造	高槻市富田町6-5-3	072-696-0014	○	○
山野酒造	交野市私部7-11-2	072-891-1046	P74	
大門酒造	交野市森南3-12-1	072-891-0353	P76	
藤本雅一酒造場	藤井寺市藤井寺2-1-10	0729-55-0018	○	○
西條	河内長野市長野町12-18	0721-55-1101	P80	
寺田酒造／元朝（販売元）	岸和田市並松町22-30	072-422-0601	○	×
井坂酒造場	岸和田市稲葉町117	072-479-0074	○	○
北庄司酒造店	泉佐野市日根野3173	072-468-0850	P82	
浪花酒造	阪南市尾崎町3-13-6	072-472-0032	○	○

兵庫県

蔵名	住所	問い合わせ	蔵での販売	蔵見学
櫻正宗	神戸市東灘区魚崎南町5丁目10番1号	078-411-2101	○	×
泉酒造	神戸市東灘区御影塚1丁目9番6号	078-821-5353	P88	
金盃酒造	神戸市灘区大石東町6丁目3番1号	078-871-5251	○	○
大澤本家酒造	西宮市東町1丁目13番28号	0798-33-0287	○	○
北山酒造	西宮市宮前町8番3号	0798-33-2121	○	×
万代大澤醸造	西宮市東町1丁目13番25号	0798-34-1300	○	○
明石酒類醸造	明石市大蔵八幡町1-3	078-919-0277	○	×
江井ケ嶋酒造	明石市大久保町西島919	078-946-1001	○	×
太陽酒造	明石市大久保町江井島789	078-946-1153	○	○
茨木酒造	明石市魚住町西岡1377	078-946-0061	○	○
西海酒造	明石市魚住町金ヶ崎1350	078-936-0467	P90	
岡田本家	加古川市野口町良野1021	079-426-7288	○	○
井沢本家	加古郡稲美町印南818	079-495-0030	○	○
神崎酒造	姫路市船津町2033	079-232-0004	○	×
名城酒造	姫路市豊富町豊富2222-5	079-264-0181	○	×
第一酒造	姫路市豊富町豊富2222-6	079-264-0490	○	×
壷坂酒造	姫路市夢前町前之庄1418-1	079-336-0010	○	○
ヤヱガキ酒造	姫路市林田町六九谷681	079-268-8080	○	×
本田商店	姫路市網干区高田361-1	079-273-0151	P92	
田中酒造場	姫路市広畑区本町3-583	079-236-0006	○	×
灘菊酒造	姫路市手柄1-121	079-285-3111	○	○
下村酒造店	姫路市安富町安志957	0790-66-2004	○	×
奥藤商事	赤穂市坂越1419-1	0791-48-8005	○	×
千年一酒造	淡路市久留麻2485-1	0799-74-2005	○	○
都美人酒造	南あわじ市榎列西川247	0799-42-0360	○	○
稲見酒造	三木市芝町2-29	0794-82-0065	○	×
山陽盃酒造	宍粟市山崎町山崎28	0790-62-1010	○	○
老松酒造	宍粟市山崎町山崎12	0790-62-2345	○	○
神結酒造	加東市下滝野474	0795-48-3011	○	○

兵庫県

蔵名	住所	問い合わせ	蔵での販売	蔵見学
三宅酒造	加西市中野町917	0790-49-0003	○	×
富久錦	加西市三口町1048	0790-48-2111	P94	
岡村酒造場	三田市木器340	079-569-0004	P96	
伊丹老松酒造	伊丹市中央3丁目1-8	072-782-2470	○	×
西山酒造場	丹波市市島町中竹田1171	0795-86-0331	○	○
山名酒造	丹波市市島町上田211	0795-85-0015	○	○
鴨庄酒造	丹波市市島町上牧661-1	0795-85-0488	○	×
鳳鳴酒造	篠山市呉服町46	079-552-1133	○	○
狩場酒造場	篠山市波賀野500	079-595-0040	○	×
田治米	朝来市山東町矢名瀬町545	079-676-2033	○	○
此の友酒造	朝来市山東町矢名瀬町508	079-676-3035	○	○
出石酒造	豊岡市出石町魚屋114-1	0796-52-2222	○	×
八鹿(ようか)酒造	養父市八鹿町九鹿461-1	079-662-2032	○	×
香住鶴	美方郡香美町香住区小原600-2	0796-36-0029	○	○

和歌山県

蔵名	住所	問い合わせ	蔵での販売	蔵見学
世界一統	和歌山市湊紺屋町1丁目10	073-433-1441	×	×
天長島村酒造	和歌山市本町7丁目4	073-431-3311	×	×
祝砲酒造	和歌山市田中町2丁目20	073-424-4141	○	×
田端酒造	和歌山市木広町5丁目2-15	073-424-7121	P100	
名手酒造店	海南市黒江846	073-482-0005	P102	
中野BC	海南市藤白758-45	073-482-1234	○	○
通宝酒造	海南市野上中449	073-487-0144	○	×
平和酒造	海南市溝ノ口119	073-487-0189	P104	
初光酒造	紀の川市貴志川町丸栖87	0736-64-3320	×	×
九重雑賀	紀の川市桃山町元142-1	0736-66-3160	○	×
初桜酒造	伊都郡かつらぎ町中飯降85	0736-22-0005	P106	
高垣酒造	有田郡有田川町小川1465	0737-34-2109	○	○
鈴木宗右衛門酒造	田辺市秋津町1305	0739-22-3131	○	×
尾﨑酒造	新宮市船町3丁目2-3	0735-22-2105	○	×

あとがき

すっかりほろ酔いになりながら、約1年をかけて巡った、関西・酒蔵の旅。たくさんの出会いに恵まれて、ページにはとうてい描ききれないほど、心に残る経験をした。一人ひとりとの出会いが、今も胸によみがえる。誰もが、つたない知識の私に、専門的なことでも、一から丁寧に教えて下さった。お酒の味わいには、人の温もりや心の豊かさが表れていることを実感した。

蔵は、その土地に根を下ろし、人々の営みを見守っている。まるで息をするかのように、時代ごとの魂を宿している。蔵人さんは、その土地の風土と歴史を知る、語り部であった。

私になにができるだろう。きっと、誰かに伝えていくことはできる。そう思いながら歩いた道のり。取材を始めた頃には青々としていた田んぼの色が、件数を重ねる中で、いつしか黄金色へと変わっていた。自然の恵みを喜び、心から感謝する。その素直な気持ちは、酒造りだけでなく、日本のものづくりをする、すべての人々を支えてきたに違いない。

最後に、このたびのチャンスをくださった、株式会社コトコトさま、いつも、まとまりきらない私の頭の中を丁寧に整理してくださった編集の木下苗さま、また、今回の企画に快くご協力くださった松尾大社さま、酒の師匠である西村伴雄権禰宜さま、取材、編集に携わってくださったすべての方々へ、心より感謝の気持ちを捧げるとともに、一献差し上げたく…。これからも、〝日本酒ガール〟としてご期待に沿えますよう、ますます精進して参ります。

松浦すみれ

松浦すみれ
京都生まれ。イラストレーター。〝お酒の神様〟を祀る松尾大社の巫女として奉職後、現職。雑誌、WEBなどのイラストルポの執筆で活躍中。酒蔵を旅する「日本酒ガール」として、お酒にまつわる取材や御神酒のラベルデザインなども手がける。

日本酒ガールの
関西 ほろ酔い 蔵さんぽ

2015年　2月1日　　初版発行
2016年　7月15日　初版第2刷発行

発行所　　株式会社コトコト
〒604-8116
京都市中京区高倉通蛸薬師上ル東側
和久屋町350　リビング高倉ビル5F
TEL　075-257-7322
FAX　075-257-7360
http://www.koto-koto.co.jp

著者　　　　松浦すみれ

発行人　　　中尾道也

編集　　　　木下苗

デザイン　　中尾実香（株式会社京都リビングコーポレーション）
画像補正　　香川厳央（株式会社京都リビングコーポレーション）
カバー・装丁　北尾　崇（HON DESIGN）

印刷　　　　株式会社 シナノ パブリッシング プレス

ISBN978-4-903822-61-7

■参考書籍

「奈良の銘酒」山田二良著／京阪奈情報教育出版
「播磨の地酒　こだわりの酒蔵めぐり」神戸新聞総合出版センター
「酒造用具解説図録」菊正宗酒造記念館
「醸技」小島喜逸著／リブロ社